utb 8561

Eine Arbeitsgemeinschaft der Verlage

Böhlau Verlag · Wien · Köln · Weimar
Verlag Barbara Budrich · Opladen · Toronto
facultas · Wien
Wilhelm Fink · Paderborn
Narr Francke Attempto Verlag · Tübingen
Haupt Verlag · Bern
Verlag Julius Klinkhardt · Bad Heilbrunn
Mohr Siebeck · Tübingen
Ernst Reinhardt Verlag · München
Ferdinand Schöningh · Paderborn
Eugen Ulmer Verlag · Stuttgart
UVK Verlag · München
Vandenhoeck & Ruprecht · Göttingen
Waxmann · Münster · New York
wbv Publikation · Bielefeld

Peter Schmidt

Statistik
schrittweise verstehen

Lehr- und Arbeitsbuch

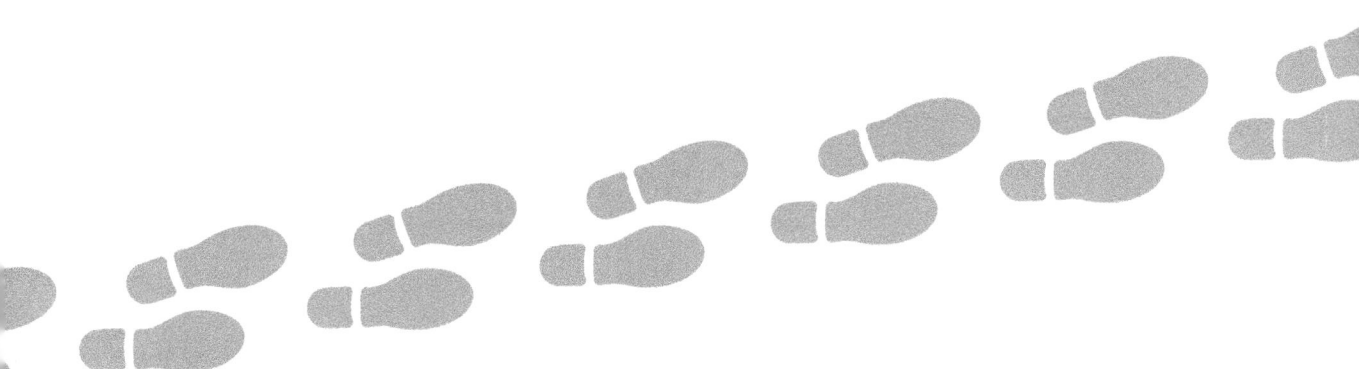

UVK Verlag · München

Prof. Dr. Peter Schmidt
lehrt Volkswirtschaftslehre und Statistik
an der Hochschule Bremen.

Online-Angebote oder elektronische Ausgaben sind erhältlich unter www.utb-shop.de.

Bibliografische Information der Deutschen Bibliothek
Die Deutsche Bibliothek verzeichnet diese Publikation in der Deutschen Nationalbibliografie;
detaillierte bibliografische Daten sind im Internet über <http://dnb.ddb.de> abrufbar.

© UVK Verlag 2019 – ein Unternehmen der Narr Francke Attempto Verlag GmbH & Co. KG

Lektorat: Rainer Berger, München
Einbandgestaltung: Atelier Reichert, Stuttgart
Einbandmotiv: © branchecarica – fotolia.com
Druck und Bindung: CPI · Clausen & Bosse, Leck

UVK Verlag
Nymphenburger Str. 48
80335 München
Telefon: 089/452174-66
www.uvk.de

Narr Francke Attempto Verlag GmbH & Co. KG
Dischingerweg 5
72070 Tübingen
Telefon: 07071/9797-0
www.narr.de

UTB-Nr. 8561
ISBN 978-3-8252-8561-6

Vorwort

Statistik ist ein Fach, das manchen Studierenden Sorge bereitet. So ging es mir im Studium ehrlich gesagt auch. Doch das muss nicht sein, denn ich erlebe täglich in meiner Arbeit (in der Praxis, Lehre und Forschung), dass Statistik hilfreich ist. Mehr noch, sie ist sogar interessant und spannend! Das ist insbesondere dann der Fall, wenn sie angewendet wird!

Genau dazu will dieses Arbeitsbuch Sie motivieren, denn die Methoden, die Sie auf den folgenden Seiten kennenlernen, begegnen Ihnen im Studium immer wieder, beispielsweise im Rechnungswesen, in der Investitionsrechnung, der Finanzierung, der Marktforschung, der Produktion usw. Und auch später im Berufsleben wird die Statistik für Sie wichtig sein!

„Fun with data" – Ja, Statistik kann und soll Spaß machen!

Dieses Buch ist ein Arbeitsbuch, in dem Sie sich die Methoden der Statistik *schrittweise* erarbeiten können. Dadurch wird es zum Lehr- und Lernbuch, das Sie parallel zur Lehrveranstaltung oder aber im Eigenstudium nutzen können.

Aber denken Sie daran: Statistik ist ein Fach, das Sie sich nicht zwei Wochen vor der Klausur „in die Birne kloppen" können. Sie erschließt sich Ihnen erst dann, wenn Sie sich diese schrittweise erarbeiten. Das gilt eigentlich für alle Fächer im Studium: Wenn Sie sich auf ein Fach einlassen, mitdenken und -arbeiten, dann wird es interessant und lebendig. Die Prüfung ist dann kein ernsthaftes Problem. Wenn Sie aber den Stoff vor sich herschieben, ob aus Angst, Frust oder Stress, wird er irgendwann zu einem großen Berg, der nur schwer zu erklimmen ist.

Das Erarbeiten des Stoffs ist also ein fortdauernder und interaktiver Prozess. Aus diesem Grund gibt es Unterstützung auf der Website ✋ *www.statistikschritte.de* mit

- Excel-Vorlagen mit den im Buch verwendeten Beispielen und Leerfeldern, die Sie während der Bearbeitung – *schrittweise* – füllen. Das kann im Unterricht sein, aber auch daheim – in beiden Fällen helfen die Lösungshinweise in den zugehörigen Videos;
- Lösungen zu den Übungsaufgaben;
- Klausuren mit Musterlösungen.

Eine zum diesem Buch passende Formelsammlung mit dem Titel *Statistik-Formeln* ist ebenfalls bei utb erschienen. Sie fasst die wichtigsten Formeln und wesentlichsten Konzepte der Statistik prägnant zusammen. Die Formelnummerierung ist in der Formelsammlung und diesem Arbeitsbuch die gleiche.

Nun genug der Worte: Sie sind eingeladen zum Mitmachen – viel Spaß dabei!

Bremen, September 2019
Peter Schmidt

peter@statistikschritte.de

Landkarte der Statistik

Schritt S
Zentraler Grenzwertsatz
Kap. 7.2.3–7.2.4

Schritt R
Stetige Verteilungen
Kap. 7.2.2

Schritt Q
DiskreteVerteilungen
Kap. 7.2–7.2.1

Schritt P
Theoretische Verteilungen
Kap. 7–7.1.2

Schritt O
Multiplikationssätze und
bedingte Wahrscheinlichkeiten
Kap. 6.3.2

Schritt N
Wahrscheinlichkeits-
rechnung
Kap. 6.2–6.3.1

Schritt M
Kombinatorik und
Wahrscheinlichkeit
Kap. 6–6.1

Schri
Maß-
Indexz
Kap. 5

Schritt
Häufigkeite
Konzentrat
messun
Kap. 2.1.3 bis

Schritt B
Einführung in
Häufigkeiten
Kap. 1.3 bis 2.1.2

Schritt A
Grundlagen
Kap. 1 bis 1.2.3

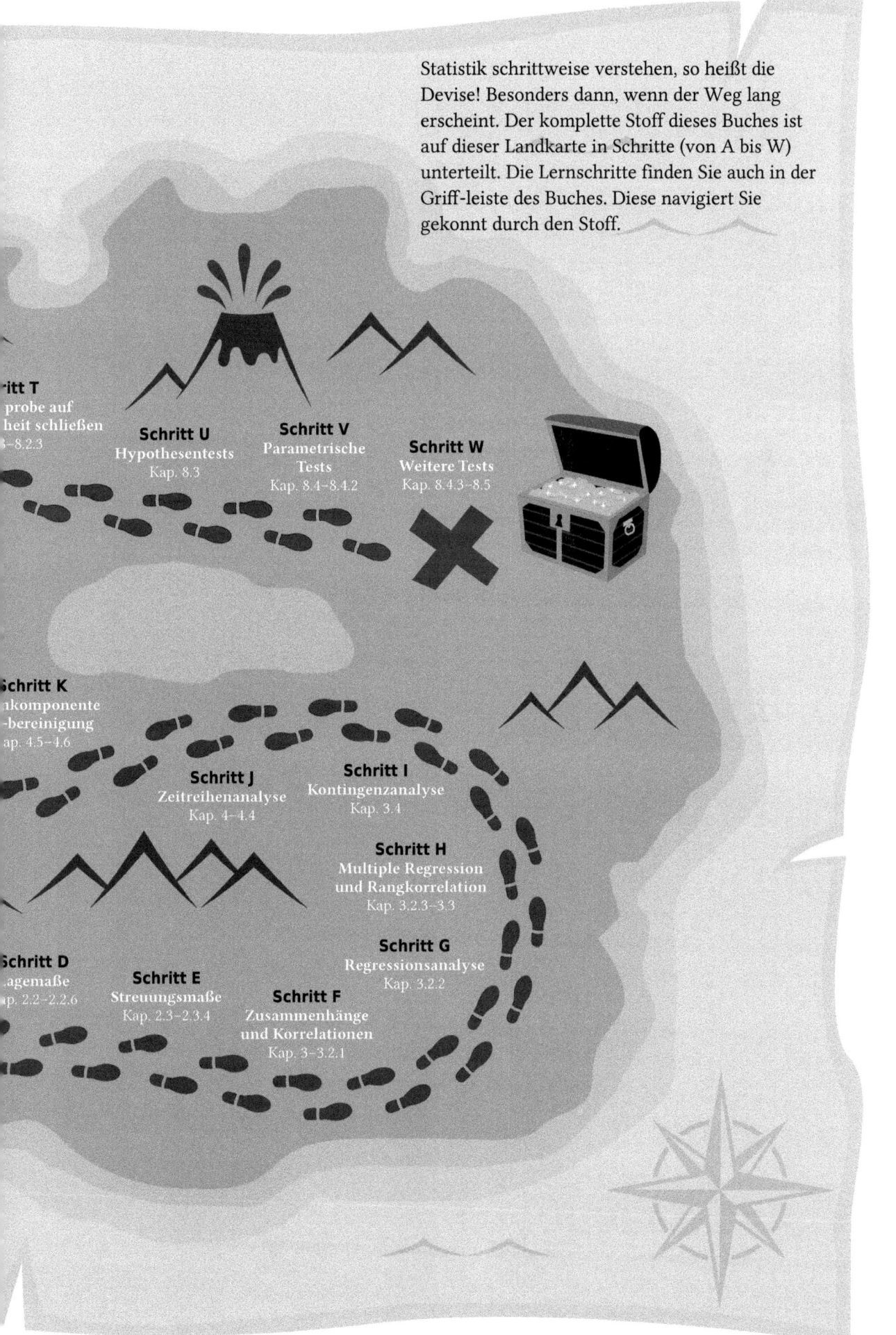

Statistik schrittweise verstehen, so heißt die
Devise! Besonders dann, wenn der Weg lang
erscheint. Der komplette Stoff dieses Buches ist
auf dieser Landkarte in Schritte (von A bis W)
unterteilt. Die Lernschritte finden Sie auch in der
Griff-leiste des Buches. Diese navigiert Sie
gekonnt durch den Stoff.

...ritt T
...probe auf
...heit schließen
...–8.2.3

Schritt U
Hypothesentests
Kap. 8.3

Schritt V
Parametrische
Tests
Kap. 8.4–8.4.2

Schritt W
Weitere Tests
Kap. 8.4.3–8.5

...chritt K
...komponente
...-bereinigung
...ap. 4.5–4.6

Schritt J
Zeitreihenanalyse
Kap. 4–4.4

Schritt I
Kontingenzanalyse
Kap. 3.4

Schritt H
Multiple Regression
und Rangkorrelation
Kap. 3.2.3–3.3

Schritt G
Regressionsanalyse
Kap. 3.2.2

...chritt D
...agemaße
...ap. 2.2–2.2.6

Schritt E
Streuungsmaße
Kap. 2.3–2.3.4

Schritt F
Zusammenhänge
und Korrelationen
Kap. 3–3.2.1

Meiner Familie gewidmet:
Für Jutta, Maria, Korbinian
und Dorothea

Was Sie vorher wissen sollten!

Das Fallbeispiel im Buch: die *StudierBar*

Ein Beispiel, das Sie durch das Buch begleitet

Sie begleiten in diesem Arbeitsbuch die drei Studierenden Adam, Beate und Chris, die ein studentisches Unternehmen gründen, die *StudierBar* – eine Café-Bar für Studierende an der Hochschule.

Es ist immer dasselbe: 16:15 Uhr ... die Mensa ist zu, exakt dann, wenn die kreative Phase vom kleinen Hunger und Kaffeedurst unterbrochen wird. Genau zu diesem Zeitpunkt entstand bei drei Studierenden die Idee eine *StudierBar* zu gründen. Ein studentisches Café im WiWi-Gebäude. Die drei sind

▨ **Adam**, der Gastronom: Er studiert Tourismusmanagement im Schwerpunkt Marketing, ist 28 Jahre alt und arbeitet neben dem Studium in einer Szenebar. Er bringt das gastronomische Know-how sowie diverse Kontakte aus der Gastroszene mit, hat aber wenig Affinität zu Zahlen.

▨ **Beate**, die Geschäftsfrau: Ganz anders ist die 23-jährige Beate. Sie studiert Finanzen und Rechnungslegung. Sie soll dafür sorgen, dass die Umsätze und Gewinne stets wachsen und auch alles richtig dokumentiert wird.

▨ **Chris**, die Umweltbewusste: Sie studiert Umweltwissenschaften. Der gesellschaftskritischen 19-Jährigen ist es wichtig, dass nur biologische und ethisch unbedenkliche Produkte angeboten werden.

Nach kurzer Diskussionen entschieden sie sich dazu, es gemeinsam zu wagen: Das Erarbeiten des Businessplans passte sogar in das BWL-Modul, die entsprechende Dozentin sagte Hilfe zu, die Fakultät war darüber hinaus bereit, einen leeren Raum zur Verfügung zu stellen und so wurde die Planung konkret.

Ab Semesterbeginn bieten nun die drei Unternehmer den Studierenden von 16:00 Uhr bis 21:59 Uhr Heiß- und Kaltgetränke sowie kleine Snacks an. Allerdings: Für den erfolgreichen Betrieb des Cafés müssen sie mit Zahlen jonglieren – gut, dass sie auch Statistik haben.

In den grauen Boxen zu Beginn jedes Lernschritts finden Sie übrigens Fragestellungen zur *StudierBar*, die in dem entsprechenden Lernschritt beantwortet werden.

Das Konzept des Buches – Statistik schrittweise verstehen

Das Lehr- und Lernkonzept der Bachelor-Studiengänge setzt auf Ihre Eigeninitiative. Sie lösen in Übungen gemeinsam mit anderen Aufgaben, um den Stoff zu festigen und Sie bereiten die Vorlesung vor und nach. Dieses Buch mit seinen Lernschritten hilft Ihnen genau dabei.

Dieses Buch ist nicht nur in Kapitel, sondern auch in *Lernschritte* eingeteilt, die in der Regel einer 90-minütigen Unterrichts- oder Selbstlerneinheit entsprechen. In den Lernschritten wird der Stoff komprimiert aber dennoch so verständlich wie möglich dargestellt. Die Beschreibung der statistischen Methoden geht nicht so tief wie in einem reinen Lehrbuch, sondern der Schwerpunkt liegt auf der praktischen Erarbeitung. Eine Übersicht über die einzelnen Lernschritte gibt Ihnen die Schatzkarte auf der Doppelseite zu Beginn des Buches.

Dabei folgen die einzelnen Lernschritte einem einheitlichen, dreiteiligen Aufbau:

- am Anfang jedes Lernschritts steht ein „Problemkästchen" (mit 🔵 gekennzeichnet), das kurz eine Fragestellung der *StudierBar* aufzeigt, die in diesem Lernschritt besprochen wird und auch zur Vorbereitung der jeweiligen Lehrveranstaltung dient, da bereits durch die hier gestellten Fragen ein Eindenken in das Thema möglich ist;

- im Hauptteil jedes Lernschritts werden die hier verwendeten statistischen Methoden anhand dieser Fragestellung zunächst erklärt und dann am Beispiel erarbeitet, daher finden sich hier **Arbeitstabellen**: leere Tabellen und Übersichten zum Ausfüllen in der Veranstaltung oder in Eigenarbeit. Hinweise zu den „Lösungen" dieser Arbeitstabellen werden im Unterricht und in Videos gegeben;

- beendet wird jeder Lernschritt mit einer kurzen Übersicht über das Gelernte als Antwort auf die Eingangsfrage (mit 🔴 gekennzeichnet);

- abschließend gibt es zu jedem Lernschritt Übungsaufgaben 🟢 Zu diesen gibt es auf der Website Lösungshinweise (Abschnitt 12.1). Sinn der Aufgaben ist, sie *selbst* zu lösen, bevor die Antworten nachgeschlagen werden. Die Aufgaben sind innerhalb der Kapitel laufend nummeriert und mit einem Kürzel versehen: Ü = Übungsaufgaben; K = ehemalige Klausuraufgaben; W = Wiederholungsaufgaben, M = Multiple Choice.

- Die Minutenangabengeben Hinweise zur angestrebten Bearbeitungszeit in Klausuren / Tests. Beim Üben darf diese Bearbeitungszeit noch länger ausfallen.

Elementarer Bestandteil des didaktischen Konzeptes ist die Website:
🖐 *www.statistikschritte.de*

Hier finden Sie jeweils Tipps zur Vor- und Nachbereitung, Videos mit den Lösungen der Arbeitstabellen sowie Lösungshinweise für gelöste Übungsaufgaben.

Inhalt

Teil I: Deskriptive (beschreibende) Statistik

Lernschritt A – Grundlagen

1 Worum geht's? Allgemeine Grundlagen und Fallbeispiel
Fundamentals

Fallbeispiel | *StudierBar*

Adam und Beate sind für die Bestellungen zuständig und haben sich getroffen, um die entsprechenden Mengen zu planen.

Wie viel Kaffee muss bestellt werden, damit er für 4 Wochen ausreicht? Und: wie viel Milch, Brezeln, Äpfel und andere Dinge, die sich nur begrenzt lagern lassen, sollten mit auf die Bestellliste?

Dazu müssen wir mehr über die Wünsche der KundInnen erfahren, also die Nachfrage messen. Doch wie machen wir das? Und wie kann Statistik dabei helfen?

1.1 Was ist Statistik?

Statistik beschreibt Methoden zur Auswertung von quantitativen Daten. Ziel statistischer Auswertung ist es, **Antworten auf Fragen** zu geben – in unserem Fall auf betriebs- und volkswirtschaftliche. Die Statistik liefert hier wichtige Entscheidungshilfen. Aber auch in anderen Disziplinen, etwa den Sozial- oder Naturwissenschaften, kommt die Statistik zum Einsatz. Selbst im Privatleben kann die Statistik sehr hilfreich sein.

Bei statistischen Untersuchungen, auch in Unternehmen, werden oft erst mal Daten erhoben. Dabei ist aber bereits Vorsicht geboten. Oft wird bei der Auswertung festgestellt, dass doch andere Fragen oder Erhebungsmethoden sinnvoller gewesen wären. Das Arbeiten mit statistischen Methoden umfasst nicht nur das „Dressieren von Zahlen", sondern vor allem die präzise Planung und Durchführung realitätsbezogener Analysen.

An den oben genannten Fragestellungen der *StudierBar* sehen wir: Es müssen diverse Fragen beantwortet werden und für viele davon sind Zahlen, also quantitative Informationen, nötig. Woher bekommen wir diese so, dass sie verlässlich sind und die (Business-)Planung darauf basieren kann?

1.2 „Zahlen bitte" – aber woher? Ablauf einer statistischen Untersuchung

Bei „Statistik" denken viele sofort an komplexe Auswertungen, Tabellen und Grafiken. Aber bevor wir dorthin kommen, müssen die zu analysierenden Zahlen zunächst einmal erhoben werden. Das kostet Zeit – aber auch Geld. Deshalb muss eine statistische Untersuchung gut geplant werden und bereits vor deren Beginn die wichtigen Aspekte bedacht und in die Planung einbezogen werden.

Der im Folgenden dargestellte Ablauf ist ein möglicher Ansatz für eine solche sorgfältige Planung, zunächst aus theoretischer Sicht; er kann aber auch praktisch angewendet werden, beispielsweise auf unser Beispiel der *StudierBar*.

1.2.1 Planung und Durchführung einer statistischen Untersuchung[1]

I. Grundlegende Informationen für die Projekt-Planung

Welche grundlegenden Aspekte müssen vor Beginn einer Untersuchung geklärt werden?[2]

Zielsetzung des Projektes	
essentiell: Aufgabenstellung und **Forschungs*frage***	
Kosten- und Zeitrahmen	

II. Erhebung der Daten

II.a Erhebungsumfang

Festlegung der zu Befragenden:

Vollerhebung → Population	
Teilerhebung → Stichprobe	

	Vollerhebung	Teilerhebung
(Zeit-)Aufwand		
Kosten		
Genauigkeit der Messung		
Durchführbarkeit		

II.b Erhebungstechnik

Wie sind die beiden Erhebungstechniken charakterisiert?

Primärerhebung	
Sekundärstatistik	

	Primärerhebung	Sekundärstatistik
(Zeit-)Aufwand		
Kosten		
Genauigkeit des Bezugs auf die Zielsetzung / Forschungsfrage		
Aktualität		

---

[1] Die Darstellungen/Tabellen dieses Abschnitts sind teilweise inspiriert durch: Bourier „Beschreibende Statistik".

[2] Im Folgenden die ersten „Arbeitstabellen" dieses Arbeitsbuches. Wie oben beschrieben werden die Themen im Unterricht diskutiert – und (Lösungs-)Hinweise finden sich auf der Website bzw. in den Videos.

II.c Art der (Primär-)Erhebung:

Wie sind die Arten von Primärerhebungen charakterisiert?

Beobachtung	
schriftliche Befragung	
mündliche Befragung	

	Beobachtung	schriftliche Befragung	mündliche Befragung
(Zeit-)Aufwand			
Kosten			
Aktualität			
Bezug auf die Zielsetzung / Forschungsfrage durch Befragungstiefe			

III. Dateneingabe und -aufbereitung
– Was kann schiefgehen, worauf müssen wir achten?

IV. Auswertung und Darstellung der Daten: Datenanalyse

V. Das Wichtigste zum Schluss: Interpretation – Was haben wir gelernt?

1.2.2 Einstiegserhebung zur Fallstudie

Um den dargestellten theoretischen Ablauf mit Leben zu füllen, betrachten wir unser Fallbeispiel *StudierBar* – mittels der ersten Übungsaufgabe, die etwas größer als gewöhnlich ausfällt, soll sie doch Lust auf mehr machen.

Aufgaben

Ü 1-1 Die *StudierBar* ist eingerichtet: Geräte, Geschirr und Sitzmöbel sind da. Nun soll es losgehen. Zunächst einmal müssen die Öffnungszeiten geplant und alles bestellt werden, was benötigt wird: vom Kaffeepulver, Tee über Milch bis hin zu Servietten, Snacks ... Doch: Wie viel wird genau benötigt?

Sie haben die Aufgabe, eine Datenerhebung durchzuführen, mit der diese Fragen beantwortet werden können.

a) Wie könnte eine statistische Untersuchung dieser Fragestellungen aussehen? (Diskutieren Sie die Aspekte aus Abschnitt 1.2.1)

b) Formulieren Sie konkrete Fragen an die Studierenden.

c) Welche Probleme sehen Sie bei der Auswertung der Daten bzw. welche Besonderheiten müssen Sie beachten?

Wenn diese Frage im Unterricht bearbeitet wird:

d) Diskutieren Sie diese Fragen in Arbeitsgruppen, die sich mit den o.a. Fragestellungen befassen und stellen Sie Ihre Ergebnisse anschließend im Plenum vor. [30 Min. Gruppenarbeit]

Die meisten Arbeitsgruppen entscheiden sich erfahrungsgemäß für einen Fragebogen zur Datenerhebung. Dies soll Sie jedoch nicht festlegen, da auch andere Erhebungsmethoden sinnvoll sein können. Diskutieren Sie diese!

In den Lösungshinweisen auf der Website sowie im Anhang 12-3 finden Sie ein mögliches Beispiel, wie es in Lehrveranstaltungen entstanden ist. Der im Rahmen des Arbeitsbuches zur Verfügung gestellte Beispiel-Datensatz basiert auf diesem Fragebogen.

Eigene Notizen/Ergebnisse Gruppenarbeit:

1.2.3 Datenaufbereitung – Ausblick auf kommende Kapitel

Beim ersten (und zweiten) Blick auf den (Excel-)Datensatz werden Sie feststellen, dass Sie zunächst die Schritte „Datenaufbereitung" und anschließend „Datenauswertung" (vgl. 1.2.1) durchführen müssen. Es folgen einige Aspekte und (Denk-)Ansätze dazu:

Von der „Urliste" zur Auszählung, Auswertung und Grafik

Nach der Eingabe der Daten (in ein Tabellenkalkulationsprogramm, z.B. Excel, Calc, Sheet), schauen wir zunächst einmal auf eine große Menge Daten und fragen uns: „Und nun?"

Hier ein Beispiel für einen kleinen Ausschnitt: die ersten 10 Personen und die ersten 5 Fragen. Für drei Merkmale wurden bereits Rechnungen durchgeführt bzw. Beschriftungen eingefügt (schattierte Spalten):

| Per-son | Kaffee | | | Alter | | Geschlecht | | Berufs-jahre |
	Men-ge/Tag	Tage/Woche	Menge/Woche	Alter	Alters-gruppe	(Code aus Frage-bogen)	Ge-schlecht	Berufs-jahre
1	0	0	0	19	unter 20	0	männlich	0
2	0	0	0	22	22++	0	männlich	0
3	1	5	5	20	20-21	1	weiblich	0
4	0	0	0		-	0	männlich	0
5	1	3	3	20	20-21	0	männlich	1
6	2,5	5	12,5	27	22++	0	männlich	12
7	1	7	7	19	unter 20	0	männlich	3
8	1	2	2	29	22++	0	männlich	2
9	0	0	0	18	unter 20	1	weiblich	0
10	1	2	2	21	20-21	1	weiblich	3

Tabelle 1: Rohdaten in Excel

Um aus diesen Zahlen Informationen ziehen zu können, müssen sie aufbereitet werden. Ein paar Beispiele aus einem Kurs mit 43 Studierenden:

1. Auszählung der Antworten, z.B. nach Altersgruppen – oder Alter und Geschlecht gleichzeitig

Altersgruppe	Anzahl
-	2
unter 20	14
20–21	18
22++	9
gesamt	43

Altersgruppe	männlich	weiblich	gesamt
-		2	2
unter 20	2	12	14
20–21	10	8	18
22++	4	5	9
gesamt	18	25	43

Tabelle 2: Häufigkeitsauswertungen: Univariat und als Kreuztabelle

Diese können wir auch graphisch darstellen:

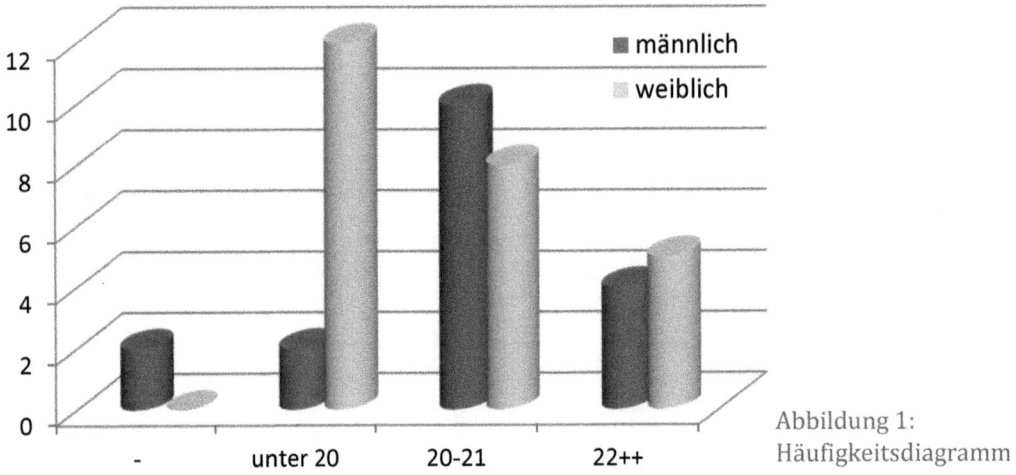

Abbildung 1:
Häufigkeitsdiagramm

2. Auswertung der Antworten, z.B. durchschnittlicher Kaffeekonsum – nach Alter und Geschlecht

Durchschnittlicher Kaffeekonsum in Tassen pro Woche nach Alter und Geschlecht

Altersgruppen	männlich	weiblich	gesamt
unter 20	0,0	1,2	1,0
20–21	1,7	1,6	1,7
22++	6,1	4,2	5,1
gesamt	2,6	1,9	2,2

Wichtigkeit alkoholischer Getränke nach Alter und Geschlecht (1 = unwichtig bis 5 = sehr wichtig)

Altersgruppen	männlich	weiblich	gesamt
unter 20	3,0	1,3	1,5
20–21	3,3	1,6	2,6
22++	3,5	1,0	2,1
gesamt	3,3	1,3	2,1

Tabelle 3: Tabellarische Auswertungen: Mittelwerte nach Alter und Geschlecht

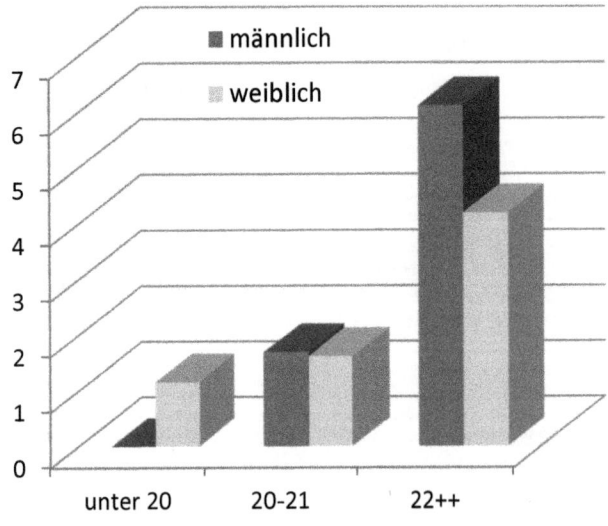

Abbildung 2:
Säulendiagramm für Mittelwerte
(Kaffeekonsum in Tassen pro Woche)

Solche und viele weitere Auswertungen werden wir in den kommenden Kapiteln kennenlernen. Die zuerst vorgestellten „Auszählungen" werden wir im Kapitel 2.1 Häufigkeiten behandeln. Die nächste weitergehende Auswertung sind Mittelwerte (2.2 Lagemaße).

Zusammenhänge zwischen Merkmalen, wie wir hier schon in zweidimensionalen Tabellen begonnen haben, werden in Kapitel 3 näher vorgestellt.

Freuen wir uns auf spannende Ergebnisse!

Weitere Informationen zur Datenauswertung in Excel finden sich in Kapitel 12.3, die entsprechenden Dateien stehen auf der Website zur Verfügung.

Zur Planung wirtschaftlicher Projekte, hier der Eröffnung der *StudierBar*, sind diverse Informationen erforderlich, z.B. zur zu erwartenden Nachfrage. Um diese möglichst realistisch zu bekommen, ist es notwendig, entsprechende Daten zu erheben. Auf deren Basis können z.B. die zu bestellenden Mengen ermittelt, die Öffnungszeiten geplant oder der Dienstplan gestaltet werden.

Bei der Planung und Durchführung einer statistischen Untersuchung ist es wichtig, systematisch vorzugehen, um nicht z.B. bei der Durchführung einer Befragung wichtige Dinge zu vergessen. Die Zielsetzung bzw. Forschungsfrage ist essentiell wichtig. Es gibt verschiedene Möglichkeiten der Datenerhebung, die Daten müssen ausgewertet, analysiert und vor allem in Bezug auf die Fragestellung interpretiert werden.

Aufgaben

Ü 1-2 Fallbeispiel (wenn dieses Arbeitsbuch im Unterricht verwendet wird)
Da nun die Daten zur Beantwortung der Fragen zur Eröffnung der *StudierBar* erhoben und ausgewertet sind, sollen diese nun für den Businessplan präsentiert werden. Stellen Sie Folien für diese Präsentation in Gruppenarbeit zusammen und präsentieren Sie die Ergebnisse in der Übung [gesamt ca. 40 Min.]

a) Beschreiben Sie zunächst die befragte Stichprobe (Anzahlen, Häufigkeiten, Anteile).

b) Entwickeln Sie **konkrete (Forschungs-)Fragestellungen** zur Bearbeitung der Anfragen und beantworten diese anhand von Zahlen, Stichworten und Grafiken (Skizzen).

c) Welche weiteren Auswertungen des Datenmaterials sind zur Beantwortung der Anfragen sinnvoll?

Ü 1-3 Welche Aussage hat der arithmetische Mittelwert (MW) für die verschiedenen Merkmale? Welche hat er insbesondere bei (0;1)-skalierten Merkmalen? [2 Min.]

Ü 1-4 Welche weiteren statistischen Maßzahlen können Sie mit Hilfe der angegebenen Daten ermitteln (siehe Ü 1-1)? Stellen Sie diese auf [ggf. erst später im Semester zu behandeln - 3 Min.]

Ü 1-5 Betrachten / Ermitteln Sie die absoluten, relativen und prozentualen Häufigkeiten der verschiedenen Antworten in den kategorisierten Variablen. Wie unterscheiden sich die verschiedenen Häufigkeitskonzepte, wofür sind sie jeweils sinnvoll? [ca. 10 Min.]

Ü 1-6 Welche Kreuztabellen halten Sie für sinnvoll, d.h. welche Fragen sollten nach welchen Dimensionen untersucht werden, um gute Entscheidungen in der *StudierBar* zu treffen? [5 Min.]

Lernschritt B – Einführung in Häufigkeiten

Fallbeispiel | *StudierBar*

Adam, Beate und Chris sitzen zusammen und besprechen die Ergebnisse der Befragung. Es fällt ihnen auf, dass nicht alle Variablen gleich behandelt werden können. Die einen sind „echte" Zahlen, andere stellen Kategorien oder Ja/Nein-Antworten dar.

Welche Arten von Daten gibt es? Wie können diese dargestellt und interpretiert werden?

1.3 Was für Merkmale gibt es? Typen und Skalen statistischer Merkmale

Die folgenden Tabelle soll Ihnen ermöglichen, sich zu den in der Veranstaltung besprochenen Stichworten Notizen zu machen.

Bezeichnung	Kennzeichen / Eigenschaften
Verhältnisskala = Ratioskala	
= .... Skalen	
Intervallskala	
Ordinalskala = Rangskala	
Nominalskala	
Typen: diskrete Merkmale	
stetige Merkmale	

Eine in der Marktforschung häufig verwendete Skala ist die **Ratingskala**. Diese kann zur Messung von Geschmack bzw. Einschätzungen durch die Befragten dienen.

Eine Ratingskala wird – in Sozialwissenschaften – i.d.R. als *intervallskaliert* angesehen.

Das Produkt erfüllt meine Anforderung	Ja, sehr gut ① ② ③ ④ ⑤ Nein, überhaupt nicht

Spontane Übung: Ordnen Sie die in unserem Fragebogen (siehe 12.2) verwendeten Merkmale in der folgenden Tabelle zu. Finden Sie weitere Beispiele für Merkmale, die den angegebenen Typen und Skalen angehören:

↓ Typen Skalen →	nominal	ordinal	metrisch
diskret			
stetig			

2 Einzelne Merkmale: Auswertung und Darstellung

Analyzing and Displaying Single Variables

Im ersten Kapitel haben wir Merkmale kennengelernt. Merkmale werden in der Statistik auch als Variable bezeichnet. Wir verwenden verschiedene Symbole/Abkürzungen.

Wir bezeichnen die Merkmale selbst (Alter, Geschlecht, …) mit Großbuchstaben:

X, Y, …   **Merkmal (Variable)** mit *einzelnen* Beobachtungen (Ausprägungen)
weiter ist:

     N   die Anzahl der Elemente einer Population (Grundgesamtheit), und

     n   die Anzahl der Elemente einer Stichprobe (Anzahl der Beobachtungen).

Jedes Merkmal hat Merkmalsträger und -ausprägungen

$X = (x_1, x_2, \dots x_n) \rightarrow x_i$ *mit i = 1,2, ..., n*, wobei i für „Index" steht. $\qquad$ (1-1)[3]

Merkmal	Merkmalsträger	Ausprägungen
Alter		
Geschlecht		

2.1 Wie oft kommen die einzelnen Werte vor? Statistische Häufigkeiten
Frequencies

2.1.1 Was wenn es zu viele Werte sind, um alle einzeln zu zählen?
Einfache und klassierte Häufigkeiten

Absolute Häufigkeiten von *k verschiedenen* Merkmalsausprägungen:

$n_i = h(x_i) \rightarrow$ Anzahl der Werte mit der Merkmalsausprägung x_i und damit ist:

$\sum_{i=1}^{k} n_i = n$, d.h. die Addition aller Einzelhäufigkeiten ergibt die Summe der Beobachtungen.

Einzelwerte eines (diskreten) Merkmals		Häufigkeitsauszählung von Ausprägungen eines Merkmals bei Klassenbildung		
k verschiedene Ausprägungen	abs. Häufigkeit der Ausprägung		Klassenmitte (=Ausprägung)	abs. Häufigkeit der Ausprägung
x_i:	n_i:	Klasse i	x_i^*:	n_i:
x_1	n_1	K_1	x_1^*	n_1
...	...	...	...	...
x_k	n_k	K_k	x_k^*	n_k
n Beobachtungen	$n = \sum_{i=1}^{k} n_i$	k Klassen	n Beobachtungen	$n = \sum_{i=1}^{k} n_i$

dabei bedeutet:

$x_i^* \rightarrow$ **Klassenmitte**: (Untergrenze + Obergrenze) / 2 $\qquad$ (2-3)

---

[3] Zur Erinnerung: Rechtsbündig die Verweise auf die Formelnummern in der utb-Formelsammlung (Peter Schmidt, *Statistik-Formeln*). Die erste Zahl bezeichnet das jeweilige Kapitel, innerhalb dessen die Formeln fortlaufend nummeriert sind.

2.1.2 Prozentuales: relative Häufigkeiten

Relative Häufigkeiten von k verschiedenen Merkmalsausprägungen (Klassen):

$$\frac{n_i}{n} = f_i \quad [oder\ auch\ f(x_i)] \quad mit\ i = 1, ... k \qquad (2\text{-}1)$$

messen den *Anteil* der Merkmalsausprägung x_i an allen Merkmalsausprägungen.

Daher ist $\sum_{j=1}^{k} f_j = 1$

Prozentuale Häufigkeit (Prozentanteil) der Merkmalsausprägung x_i

$$\frac{n_j}{n} \cdot 100 = f_j \cdot 100 \qquad (2\text{-}2)$$

Das klingt theoretischer als es ist. Füllen wir die beiden folgenden Tabellen mit den entsprechenden Häufigkeiten (absolute Häufigkeiten aus dem Fallbeispiel, vgl. Tabelle 2):

Geschlecht (Einzelwerte)		
x_i:	n_i:	f_i:
x_1		
x_2		
n =		

Altersklassen (Häufigkeitsauszählung)			
Altersklasse i	x_i^*:	n_i:	f_i:
K_1			
K_2			
K_3			
...			
K_k			
k Klassen	n =		

Solche Auszählungen für einzelne Merkmale sind nützlich, jedoch benötigen wir in der Praxis oft detailliertere Auswertungen, die uns mehr Überblick über die Tendenzen der Ergebnisse geben. Diese werden in den folgenden Schritten dargestellt.

Die verschiedenen Skalen und Typen helfen dabei, die Daten mit den korrekten statistischen Maßen zu analysieren. Wir haben kennengelernt:

- metrische Skalen (Verhältnisskala und Intervallskala)
- Ordinalskala
- Nominalskala

Außerdem gibt es diskrete und stetige Merkmale als Typen von Variablen. Für verschiedene Typen werden die Häufigkeiten auf unterschiedliche Weise ermittelt.

Auch in den folgenden Kapiteln werden die Typen und Skalen der betrachteten Merkmale wichtig sein.

Aufgaben

Ü 2-1 Geben Sie für die folgenden Merkmale die Merkmalsträger sowie mögliche Ausprägungen an: a) Hunderasse b) Schulden c) Klausurnoten d) Längen e) Sportart f) Mitarbeiterzahl. [3 Min.]

Ü 2-2 Auf welcher Skala sind die folgenden Merkmale gemessen: a) Tachostand b) Einkommen c) Schulnote d) Uhrzeit e) Gewicht f) Ligatabelle g) Religion h) Alter i) Familienstand j) Getreidesorte k) Handygebühren l) Güteklassen m) Temperatur? [3 Min.]

Ü 2-3 Welche Merkmale sind diskret, welche stetig: a) Wasserstandsanzeige b) Anzahl Vereinsmitglieder c) Kraftstoffverbrauch (in Liter) d) Ausschussstücke pro Tag e) Weinkonsum (in Liter) f) Weinkonsum (in Fl.) g) Einwohner h) Tage bis zur Prüfung? [3 Min.]

K 2-4 Ordnen Sie die folgenden Merkmale den unterschiedlichen Skalierungen und Merkmalstypen zu. Einkommen - Haarfarbe - Alter - soziale Stellung - Körpergröße - Abweichungen von der Norm bei Fertigungsprozessen - Geschlecht - Beruf - Schultypen - Anzahl von Kindern in Schulklassen - Raucher/Nichtraucher - Altersklassen.
Bei Einordnung in mehrere Klassen bitte Erläuterung bzw. Beispiel. [6 Min.]

↓ Merkmale Skalen →	nominal	ordinal	metrisch
Typen diskret			
stetig			

Lernschritt C – Häufigkeiten und Konzentrationsmessung

Fallbeispiel | *StudierBar*

Chris hat sich die Zahlen noch einmal angesehen. Die einzelnen Angaben, wie viel Kaffee die Befragten trinken, sind schon einmal ganz hilfreich, aber wie verteilen sich die Antworten? Sie würde gerne wissen, wie viele Studierende höchstens 5 Tassen in der Woche trinken, wie viele bis zu 15. Welches Maß ist dafür sinnvoll?

Und sie interessiert sich für die Verteilung: wie viel Prozent der Studis trinken wie viel Prozent des Kaffees? Damit möchte sie Gelegenheitstrinker von Stammkunden unterscheiden (was im Marketing gerade besprochen wurde).

2.1.3 Jetzt mal zusammengerechnet: Summenhäufigkeiten

Neben den bisher kennengelernten Häufigkeiten betrachten wir nun **Summen**häufigkeiten, auch als „**kumulierte**" Häufigkeiten bezeichnet. Es geht dabei um die Frage: Wie viele der Antworten weisen eine Merkmalsausprägung *bis zu* einem bestimmten Wert auf? Zum Beispiel: Wie viele der Befragten trinken bis zu (höchstens) 5 Kaffee in der Woche, wie viele bis zu 15 usw.?

Summenhäufigkeiten werden mit den Großbuchstaben H für absolute und F für relative Summenhäufigkeit bezeichnet.

Absolute Summenhäufigkeit: $\qquad H\left(x_j\right) = \sum_{i=1}^{j} h(x_i) = \sum_{i=1}^{j} n_i$ $\hspace{2cm}$ (2-6)

Relative Summenhäufigkeit: $\qquad F\left(x_j\right) = \sum_{x_i \leq x_j} f(x_i) = \sum_{i=1}^{j} f(x_i)$ $\hspace{1.5cm}$ (2-7)

Zur Ermittlung der unterschiedlichen Häufigkeitskonzepte betrachten wir hier den Kaffeekonsum von 32 Gästen. Zur einfacheren Bearbeitung sind die Arbeitstabelle und die Rahmen der Grafiken vorgegeben:

Tassen Kaffee pro Woche							
21	8	7	0	10	10	15	13
0	4	7	9	12	6	18	11
12	0	22	0	12	16	18	0
9	17	21	0	12	8	6	5

	Klasse		Häufigkeiten			
Unter-grenze	Ober-grenze	x_i^*	h_i oder n_i	H_i	f_i %	F_i
		0		0		0
0	5					
6	10					
11	15					
16	20					
21	25					
		Summe:		--		--

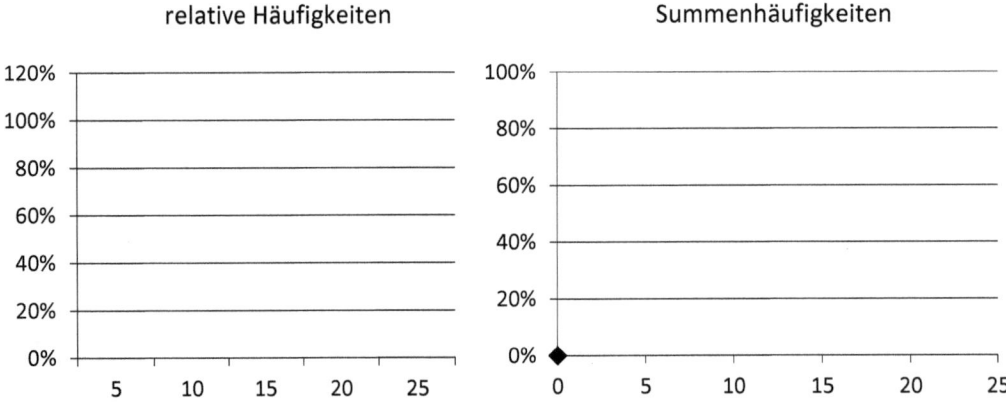

relative Häufigkeiten   Summenhäufigkeiten

Tabelle 4: Absolute und relative (Summen-)Häufigkeiten für klassierte Daten

2.1.4 Wer hat wie viel?
Konzentrationsmessung (Lorenzkurve / Lorenz'sches Konzentrationsmaß)

Wenn es um „Verteilung" geht, lautet die Frage oft, wie gleich (= gerecht?) ein bestimmtes Merkmal (z.B. Einkommen, Vermögen ...) auf die Träger dieses Merkmals (Arbeitnehmer, Steuerzahler ...) aufgeteilt ist. Hier hilft die **Lorenzkurve**:

→ Wie viel Prozent der Merkmalsträger verfügen über wie viel Prozent der Merkmalsumme?

Beispielaufgabe[4]

Eine Befragung von 70 Studierenden ergab, dass diese insgesamt gut 800 Tassen Kaffee pro Monat in der *StudierBar* trinken wollen. Chris bildet Trinker-Klassen und zählt, wie viele Studis in die jeweiligen Klassen fallen und wie hoch der Durchschnittsverbrauch in den Klassen ist.

Klasse Anzahl Kaffeetassen pro Monat von ... bis unter ...	n_i Anzahl Studierende (die in diese Klasse fallen)	x_i^* **Durchschnittsverbrauch** je Studierenden (Klassenmitte)
unter 1	17	0,5
1 – 5	25	3
5 – 10	14	7,5
10 – 50	9	30
50 – 90	5	70

Um *Konzentration* zu messen (konzentriert sich der Umsatz auf wenige KundInnen – oder ist er relativ gleich verteilt?), wird gemessen, wie viel Prozent der Merkmalsträger über wie viel Prozent der Merkmalsumme verfügen – indem erstere auf der waagrechten und letztere auf der senkrechten Achse eines Koordinatensystems abgetragen werden.

---

[4] Die typischen Anwendungen einer Lorenz-Analyse sind die Verteilung von Einkommen, Vermögen, Umsatz in einem Markt. Wir gehen hier den nächsten Schritt jedoch weiter mit gemütlichem Kaffee.

Die Formeln für die Lorenzkurve wirken nicht auf den ersten Blick „einleuchtend". Wenn sie aber *Schritt für Schritt* angewandt werden, erschließt sich das Vorgehen:

| Merkmalssumme der *einzelnen* Merkmalsausprägungen: | $m_j = x_j \cdot n_j$ | (2-8) |

Merkmalssumme der *einzelnen* Merkmalsausprägungen:

$$m_j = x_j \cdot n_j \qquad (2\text{-}8)$$

Merkmalssumme *aller* Merkmalsausprägungen:

$$m = \sum_{j=1}^{k} m_j \qquad (2\text{-}9)$$

Relative Merkmalssumme:

$$g_j = \frac{m_j}{m} \qquad (2\text{-}10)$$

Kumulierte relative Merkmalssumme:

$$G_j = \sum_{i=1}^{j} g_i \qquad (2\text{-}11)$$

Einzelfläche unter der Lorenzkurve:

$$Fl_j = \left(f_j \cdot G_{j-1} \right) + \frac{f_j \cdot g_j}{2} \qquad (2\text{-}12)$$

Gesamtfläche unter der Lorenzkurve:

$$Fl = \sum Fl_j \qquad (2\text{-}13)$$

Lorenz'sches Konzentrationsmaß (LKM) oder auch „Gini-Koeffizient"

$$\mathbf{LKM = 1 - \frac{Fl}{5000}} \qquad (2\text{-}14)$$

In der folgenden Arbeitstabelle zeichnen wir die Konzentrationskurve für den Kaffeekonsum und errechnen das LORENZ'sche Konzentrationsmaß (= Gini-Koeffizient).

Arbeitstabelle LKM und Lorenzkurve zum Kaffeeverbrauch/Monat:

Klassen	i	n_i	f_i %	F_i	Klassen-mitte x_i^*	vorgegebene Werte		G_i	Fläche lt. Formel		
						Summe aller Aus-prägungen in $x_i^* \cdot n_i$ → m_i	An-teil Um-satz g_i %		$f_i \cdot G_{i-1}$	$\frac{f_i \cdot g_i}{2}$	FI_i
				0				0			
unter 1	1	17			0,5						
1 bis 5	2	25			3						
5 bis 10	3	14			7,5						
10 bis 50	4	9			30						
50 bis 90	5	5			70						
Summen:		= n				= m			FI =		
									5000 - FI =		

Wie viel Prozent der Merkmalsträger verfügen über wie viel Prozent der Merkmalsumme?

LKM =

oder auch GINI-Koeffizient genannt

Lorenz-kurve:

Tabelle 5: Ermittlung der Lorenzkurve und des LKM (Gini-Koeffizient)

Welche Werte kann das LKM annehmen? Interpretieren Sie auf dieser Basis den von Ihnen gefunden Wert.

Die Summenhäufigkeiten und die Konzentrationsmaße liefern uns erste Hinweise auf die Verteilung der Ausprägungen unserer Merkmale.

Mit der kumulierten oder Summenhäufigkeit konnten wir z.B. ermitteln, dass 50 % der befragten Kaffeetrinker unter 9 Tassen Kaffee pro Woche in der *StudierBar* kaufen wollen. Chris erfährt, dass 25 % der Studierende höchstens 5 Tassen in der Woche trinken, immerhin 78 % bis zu 15 Tassen.

Die Konzentrationsmessung ergab z.B., dass die 7 % kaffeedurstigsten Studierenden 43 % des Kaffees nachfragen wollen. Gut zu wissen – oder?

Aufgaben

Ü 2-5 25 Studierende an der Fakultät Wirtschaftswissenschaften werden gefragt, in welchem Studiengang sie studieren. Es gibt die Studiengänge (A), (B), (C) und (D). Das Ergebnis lautet A, C, D, A, C, B, C, A, D, B, A, C, B, B, B, C, A, C, B, D, B, C, B, C, B.   [a) 1; b), c) je 4]

a) Was sind bei dieser Aufgabe Merkmalsträger, Merkmal, Merkmalsausprägungen?

b) Bestimmen Sie die absoluten und relativen Häufigkeiten der Merkmalsausprägungen.

c) Stellen sie die Häufigkeitsverteilung als Kreisdiagramm und in einem Diagramm Ihrer Wahl dar.

Ü 2-6 Landwirt Kastendiek hat Kartoffeln geerntet. Für die Landwirtschaftliche Genossenschaft misst er die Durchmesser. Wahllos nimmt er aus der Ernte 25 Kartoffeln. Er erhält folgende Werte (Angaben in cm): 3,1; 4,2; 3,7; 6,4; 7,3; 3,2; 4,8; 5,1; 4,2; 3,9; 4,5; 5,8; 6,5; 6,8; 6,9; 7,2; 7,5; 4,1; 6,1; 6,0; 5,7; 5,2; 5,2; 5,1; 4,5.

a) Was sind bei dieser Aufgabe Merkmalsträger, Merkmal, Merkmalsausprägungen? [1 Min.]

b) Ermitteln Sie die Häufigkeitsverteilung der Kartoffeldurchmesser. Legen Sie folgende Klassengrenzen zugrunde (Durchmesser in cm): über 3 bis 4; über 4 bis 5; ... ; über 7 bis 8. [6 Min.]

c) Bestimmen Sie die Summenhäufigkeiten und stellen Sie diese graphisch dar. Beschreiben Sie das Ergebnis in Ihren Worten. [4 Min.]

K 2-7 An der Hochschule Bremen wurden Studierende nach der von ihnen belegten Wochenstundenzahl befragt. Das Ergebnis ist in der folgenden Tabelle dargestellt:

Wochenstunden	Häufigkeit	
0 bis unter 9	45	
9 bis unter 13	60	
13 bis unter 19	105	
19 bis unter 28	60	
28 bis unter 39	30	

Zeichnen Sie die Summenhäufigkeitsfunktion und ermitteln Sie graphisch, wie viel Prozent der Studierenden eine Wochenstundenzahl bis zu 22 Stunden haben. [5 Min.]

Ü 2-8 Welchen Sinn hat Konzentrationsmessung (Anwendungsbeispiele)? Beschreiben Sie in eigenen Worten den Weg zur Ermittlung des LKM (argumentieren Sie mit Hilfe der Flächen der Konzentrationskurve) [3 Min.]

Ü 2-9 Der Jahresumsatz im Textileinzelhandel möge 2025 in Deutschland ca. 36 Milliarden Euro betragen. Der Umsatz verteile sich auf 15.000 Betriebe wie in der Tabelle angegeben:

Sie haben als MitarbeiterIn des Bundeskartellamtes die Aufgabe, zu untersuchen, ob die Umsatzverteilung auf diesem Markt eine hohe Konzentration aufweist. [10 Min.]

a) Zeichnen Sie die Konzentrationskurve und bestimmen Sie das *Lorenz*'sche Konzentrationsmaß.

b) Welchen Umsatzanteil haben die 3000 umsatzstärksten Betriebe?

Klassenmitte x_i^*	n_i	
0,5	5000	
2	7000	
3	1500	
5	1000	
20	500	

Mit: Klasse = „Umsatzklasse: Umsatz in Mio. € von ... bis unter ....“; n_i = „Anzahl Unternehmen in der Klasse" und x_i^* = „**Durchschnittsumsatz** je Unternehmen (Klassenmitte)“.

c) Konzentrationsmessung hat nicht nur volkswirtschaftlich eine große Bedeutung, wie hier für die „Wettbewerbshüter“ des Kartellamtes, sondern auch für einzelne Betriebe. Nennen Sie betriebliche Fragestellungen, für die die Konzentration auf (den eigenen oder potenziellen) Märkten wichtig ist.

Beate ist unzufrieden. Die *StudierBar* brummt nicht so wie erwartet und sie weiß nicht genau warum. Sie vermutet, dass die Lage der *StudierBar* nicht ideal gewählt worden ist. Deswegen möchte sie die Entfernung (in m) zu den verschiedenen Seminarräumen von der *StudierBar* aus berechnen. Die Ergebnisse sind: 100, 130, 900, 20, 80, 20, 150 Meter.

Was ist die mittlere Entfernung der Seminarräume zur *StudierBar*?

Als Antwort sind verschiedene Mittelwert-Maße möglich – warum? Wie interpretieren wir diese?

2.2 Im Durchschnitt: Lagemaße (Mittelwerte)
Measures of Central Tendency (Averages)

2.2.1 Einfaches Arithmetisches Mittel

Das arithmetische Mittel ist der bekannteste der Mittelwerte. Wir kennen ihn eigentlich alle: „wir zählen alle Werte zusammen und teilen durch die Anzahl" bekomme ich immer wie aus der Pistole geschossen, wenn ich danach frage. Formal liest sich das als:

$$\bar{x} = \frac{1}{n} \cdot \sum_{i=1}^{n} x_i \qquad (2\text{-}15)$$

$\bar{x}$ sprechen wir „x quer".
Wir unterscheiden dabei zwischen:

$\mu \rightarrow$ arithmetisches Mittel einer Grundgesamtheit
$\bar{x} \rightarrow$ arithmetisches Mittel einer Stichprobe, auf das wir uns zunächst beschränken.

Für unser Beispiel ist der arithmetische Mittelwert aus den sieben Entfernungen also:

Überzeugt uns das?

2.2.2 Gewichteter arithmetischer Mittelwert

Neben dem einfachen arithmetischen Mittel, das aus einzelnen Werten ermittelt wird, kann es auch sein, dass uns nur Angaben für Klassen vorliegen. Dann brauchen wir das

Gewichtete arithmetische Mittel:

$$\bar{x} = \frac{1}{n} \sum_{i=1}^{k} x_i \cdot n_i \qquad \text{oder} \qquad \bar{x} = \sum_{i=1}^{k} x_i \cdot \frac{n_i}{n} \qquad \text{bzw.} \qquad \bar{x} = \sum_{i=1}^{k} x_i \cdot f_i \qquad (2\text{-}16)$$

Vergleichen wir an folgendem Beispiel einmal beide Ermittlungsmethoden für die gleichen 32 Personen. Fragen:

▪ Entsprechen sich der einfache arithmetische Mittelwert und der aus den klassierten Werten ermittelte? Warum?

▪ Was bedeutet das für den Umgang mit beiden Maßen?

Es werden 32 Studierende befragt, welche Entfernung zur *StudierBar* sie für angemessen halten:

Entfernungswunsch von 32 Personen

Werte

Wünsche von 32 Personen							
120	220	130	220	30	80	160	90
100	210	250	240	210	50	30	100
200	60	240	250	200	90	40	230
110	100	80	60	70	150	220	160

einfacher arithmetischer Mittelwert	
Anzahl Personen:	
Summe:	
Mittelwert:	

zum Vergleich:
gewichteter arithmetischer Mittelwert

bei Klassenbildung

gewichteter Mittelwert:
Kl-Mitte:

Untergrenze	Obergrenze bis zu … m	n_j	$n_j/n = f_i$ %	x_j^*	$x_j \cdot f_j$
1	30				
31	50				
51	100				
101	150				
151	250				
	Summe:		$\overline{x} = \sum_{j=1}^{k} x_j \cdot \frac{n_j}{n}$ (2-16)		

Tabelle 6: Ermittlung des einfachen und gewichteten arithmetischen Mittels

2.2.3 Modus (Modalwert)

Der Modus oder Modalwert ist der Wert, der am häufigsten vorkommt.

Das klingt etwas banal, ist aber im Falle der Nominalskala der einzig zulässige Mittelwert. Etwas „statistischer" ausgedrückt handelt es sich um die Ausprägung x_i mit der größten Häufigkeit f_i. Gesucht wird also dasjenige i, welchem das maximale f_i zugeordnet ist:

$$\text{Modus} = x_i \text{ mit } \max_i f(x_i) \qquad (2\text{-}21)$$

Was ist also der Modus der sieben Entfernungen zur *StudierBar*?

Was ist der Modus der o.a. 32 Entfernungs-Wünsche?

2.2.4 Median und andere Perzentile

Median

Der Median ist derjenige Wert, der in der Mitte steht, wenn alle Werte der Größe nach geordnet nebeneinander gestellt werden. Eingangsbeispiel 7 Entfernungen:

20	20	80	**100**	130	150	900
x_1	x_2	x_3	x_4	x_5	x_6	x_7
3 Werte				3 Werte		

Es stehen also links und rechts neben dem Median gleich viele Werte.

Statistisch finden wir den Median am einfachsten, indem wir den **Index m suchen**, von dem links und rechts gleich viele Werte stehen.

a) ungerades n: $Median = x_m$ mit $m = \frac{n+1}{2}$ $\qquad (2\text{-}17)$

hier also: $Median =$

Bei geradem n, also gerader Anzahl von Beobachtungen steht kein Wert genau in der Mitte und der Median muss aus den beiden mittleren Werten gebildet werden:

20	20	80	**100**	**150**	150	200	900
x_1	x_2	x_3	x_4	x_5	x_6	x_7	x_8
3 Werte					3 Werte		

b) gerades n: $$Median = \frac{Median_1 + Median_2}{2} \qquad (2\text{-}18) \text{ bis } (2\text{-}19)$$

mit: $Median_1 = x_m$ mit $m = \frac{n}{2}$ und $Median_2 = x_u$ mit $u = \frac{n+2}{2}$.

hier also: $Median =$

Vorsicht (häufiger Fehler in Klausuren):

Nicht m (= (n+1) / 2) ist der Median, sondern das x_m, oben z.B. die Entfernung 100 (und nicht der Index m=4). Das würde auch inhaltlich überhaupt keinen Sinn ergeben.

Wenn ein Mittelwert von Entfernungsangaben zwischen 20 und 880 gesucht ist, *kann* der Mittelwert nicht 4 sein! Dergleichen wird in Klausuren leider häufig als Ergebnis angegeben.

Beispiel zu verschiedenen Mittelwerten: Umsatz der *StudierBar*

Jahr	Umsatz TEU
2018	21
2019	22
2020	24
2021	61
2022	22
2023	23
2024	25
x_quer	
Median	
Modus	

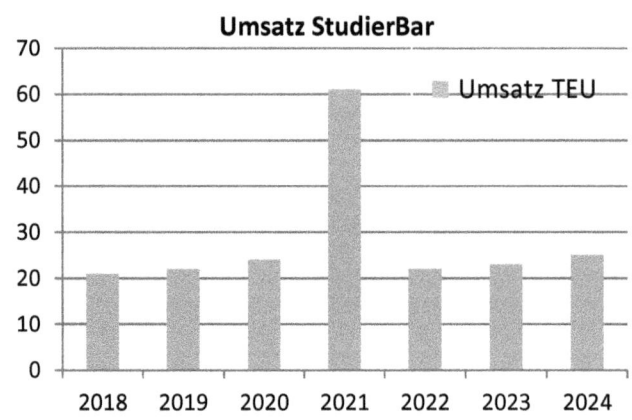

Die *StudierBar* soll den durchschnittlichen Umsatz angeben.
Das arithmetische Mittel sieht gut aus, ist aber durch den Ausreißer geprägt.
Der Median ist realistischer – und z.B. für die Steuerberechnung besser.

Abbildung 3: Darstellung verschiedener Mittelwerte

Perzentile / Quantile

Gesucht wird diejenige Merkmalsausprägung, die von p Prozent der Merkmalsträger nicht überschritten wird → x_p^Q (hier *mindestens* x_p^Q Jahre alt sind).

Hier wird dasselbe Vorgehen wie bei der Ermittlung des Zentralwertes gewählt: Alle Werte werden der Größe nach sortiert und die jeweilige Position bzw. ihr Index i gesucht.

Im Prinzip können für p beliebige Werte eingesetzt werden. Geläufig sind 25 %- und 10 %-Schritte. Im ersten Fall heißen diese Perzentile „Quartile":

$$\text{1. Quartil } x_{0,25}^Q, \text{ 2. Quartil } x_{0,5}^Q \text{ und 3. Quartil } x_{0,75}^Q$$

Der Median ist daher das 2. Quartil.

Von den Quantilen in 10-Prozent-Schritten („Dezile") werden oft das erste $x_{0,1}^Q$ und das letzte $x_{0,9}^Q$ betrachtet, um beurteilen zu können, wie stark die Ausprägungen eines Merkmales an den Rändern der Verteilung angesiedelt sind.

Die Position der Quantile lässt sich am einfachsten mit Hilfe der Summenhäufigkeitsfunktion ermitteln. Der Index i, bei dem $F(x_i)$ den gesuchten Quantilswert erreicht, zeigt das jeweilige Quantil x_i.

Die Quartile befinden sich jeweils an den Stellen, an denen $F(x_i)$ die Werte 0,25; 0,5 und 0,75 **erreicht oder** überschreitet.

$$\text{Formal: } x_p^Q = x_i \text{ wenn } F(x_i) \geq p \text{ und } F(x_{i-1}) < p \text{ ist.} \qquad (2\text{-}20)$$

Beispiel: Lebensalter von 19 Studierenden: $X = (x_1, x_2, ..., x_{19})$

Ermitteln Sie das arithmetische Mittel, Modus und die Quartile.

Modus	
arithmetisches Mittel	

Perzentile:

X	x_1	x_2	x_3	x_4	x_5	x_6	x_7	x_8	x_9	x_{10}	x_{11}	x_{12}	x_{13}	x_{14}	x_{15}	x_{16}	x_{17}	x_{18}	x_{19}
Al-ter	18	18	19	20	20	20	21	21	22	22	23	23	24	24	25	26	26	27	29
$f(x_i)$																			
$F(x_i)$																			
$X_\%$																			

Für Häufigkeitsauszählungen und klassierte Merkmale sind die Quartile nicht immer so symmetrisch verteilt wie hier, Beispiele dafür finden sich in der folgenden Abbildung.

Ermitteln Sie die in der folgenden Abbildung ausgelassenen Maßzahlen.

Beispiel zur Ermittlung von Mittelwerten und Quartilen

Studierende aus drei verschiedenen Studiengängen A, B und C bewerten die Wichtigkeit von Snack-Angeboten in der *StudierBar*. Ermitteln Sie zunächst die arithmetischen Mittelwerte sowie Quartile und Mediane.

Auswertung einer Rating-Skala in Excel

Anteile, Quartile, Median - bei gleichen arithmetischen Mittel

Frage:	Bewerten Sie wie wichtig die **Snacks in der StudierBar** sind											
Skala:	1 = unwichtig .... , 7 = wichtig											
	Absolute Häufigkeiten h_i			Anteile f_i			Kumulierte Anteile F_i			**Quartile und MEDIAN**		
Antworten:	A	B	C	A	B	C	A	B	C	A	B	C
1		7	13									
2	7	9	2									
3	11	9	8									
4	14	3										
5	11	6	3									
6	7	6	24									
7		10										
jeweiliges n												
(gew. Summen xi * ni)												
(gewichteter) **Mittelwert**												

Grafiken haben unterschiedliche Skalen (Achsen)

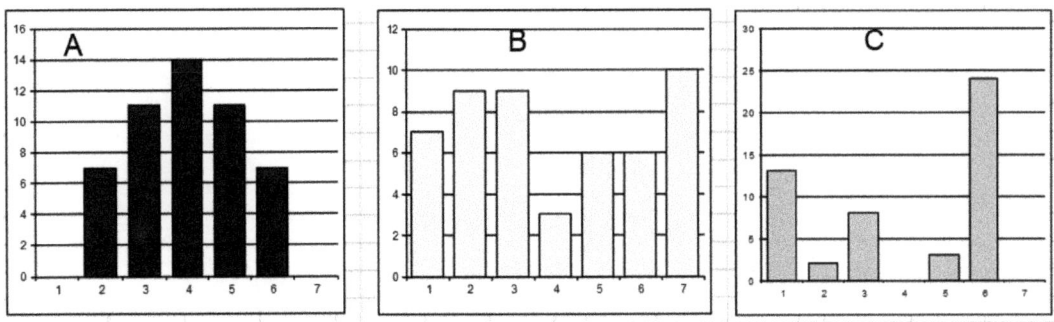

Tabelle 7: Auswertung einer Rating-Skala in Excel

Was fällt Ihnen auf?

Beschreiben Sie die Verteilungen.

Schiefe von Verteilungen

Die bisher diskutierten Mittelwerte helfen dabei, die Verteilung von Merkmalen zu beschreiben, sie **verdichten** die in den Daten enthaltene **Information**.

Wenn viele Merkmale und große Datenmengen betrachtet werden, ist es nicht immer möglich, jedes Merkmal einzeln graphisch darzustellen, wie wir es tun. Tatsächlich können wir durch das Verhältnis der Mittelwerte Rückschlüsse auf die **Schiefe** der Verteilungen ziehen:

Auswertung einer Rating-Skala in Excel

3 Verteilungen mit unterschiedlicher SCHIEFE

Frage:	Bewerten Sie wie wichtig die **Öffnungszeiten in der StudierBar** sind											
Skala:	1 = unwichtig .... , 7 = wichtig											
	Absolute Häufigkeiten			Anteile f_i			Kumulierte Anteile F_i			Quantile und MEDIAN		
Antworten:	Symmetrisch	Rechtsschief	Linksschief	S	R	L	S	R	L	S	R	L
1	2	2	2	4,0%	4,5%	4,5%	4,0%	4,5%	4,5%			
2	5	14	5	10,0%	31,8%	11,4%	14,0%	36,4%	15,9%		1.Q	
3	11	9	6	22,0%	20,5%	13,6%	36,0%	56,8%	29,5%	1.Q	2.Q / Med.	1.Q
4	14	6	6	28,0%	13,6%	13,6%	64,0%	70,5%	43,2%	2.Q / Med.		
5	11	6	9	22,0%	13,6%	20,5%	86,0%	84,1%	63,6%	3.Q	3.Q	2.Q / Med.
6	5	5	14	10,0%	11,4%	31,8%	96,0%	95,5%	95,5%			3.Q
7	2	2	2	4,0%	4,5%	4,5%	100,0%	100,0%	100,0%			
jeweiliges n:	50	44	44	100%	100%	100%						
Spannweite SW:	6	6	6									
(gew. Summen)	200	155	197									
$\overline{x}$	4,0	3,5	4,5	(Gewichteter) **Mittelwert**								
Median ZW	4	3	5	Zentralwert								

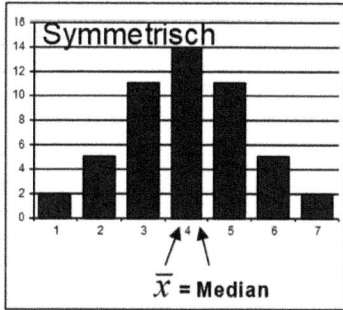 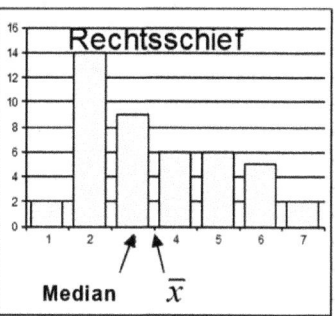 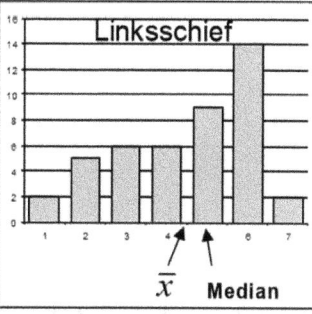

Tabelle 8: Schiefe – Auswertung und Darstellung in Excel

Allgemein gilt $\bar{x}$ = Median → symmetrische Verteilung
für die $\bar{x}$ > Median → rechtsschiefe Verteilung (2-22)
Schiefe: $\bar{x}$ < Median → linksschiefe Verteilung

2.2.5 Geometrisches Mittel

Das Geometrische Mittel muss beim Wachstumsprozessen verwendet werden, z.B. bei Wachstumsraten (Umsatzwachstum, Veränderung des Sozialproduktes, ...) oder Verzinsungen. In diesem Fall sind die x_t-Werte in hier **Wachstums<u>faktoren</u>** eines (anderen) Merkmals Y, z.B.:

$x_t = \frac{y_t}{y_{t-1}}$ und deren Mittelwert ist:

$$GM = \sqrt[n]{x_1 \cdot x_2 \cdot ... \cdot x_n} = \sqrt[n]{\prod_{i=1}^{n} x_i} \quad \text{oder alternativ:} \quad (2\text{-}23)$$

$$GM = \sqrt[n]{\frac{\text{Endniveau}}{\text{Anfangsniveau}}}, \text{ was gleichbedeutend ist mit} \quad (2\text{-}24)$$

$$GM = \sqrt[n]{\frac{y_n}{y_0}}, \text{ also der letzte y-Wert geteilt durch den \textit{vor} der ersten Verzinsung.}$$

Dabei stellt t den Zeitindex dar. „Anfangsniveau" bezieht sich dann auf den Absolutwert vor dem ersten Wachstum bzw. der ersten Verzinsung.

Beispiel

Die *StudierBar* verzeichne in vier aufeinander folgenden Jahren folgende Umsatzsteigerungen: 5 %, 30 %, –5 % und 1 % → **wie hoch ist das durchschnittliche Umsatz-Wachstum?** Ein einfaches arithmetisches Mittel ((5+30-5+1)/4 = 7,8) würde den Effekt von Zinseszinsen vernachlässigen und *überschätzt* daher den Mittelwert!

Korrekte Ermittlung mit dem GM:

Es ist wichtig, festzuhalten, dass das GM **nur mit den Wachstumsfaktoren korrekt** ermittelt wird. Dabei sind Wachstumsfaktoren der Wert, mit dem der Vorjahreswert multipliziert werden muss, um auf den Folgewert zu kommen.

2.2.6 Übersicht Lagemaße

Wie am Beispiel der Entfernungen zur Hochschule gesehen, können zum einen mehrere der behandelten Mittelwerte einen Sinn haben, indem sie einen anderen Aspekt der Daten beleuchten. Außerdem ist nicht jeder Mittelwert für alle Skalen zulässig. Machen Sie sich dies als Übersicht deutlich:

Mittelwert	Definition	für welche Skalen	Beispiel
Modus (Modalwert)			
Median oder Zentralwert			
arithmetisches Mittel (*„Mittelwert"*)			
geometrisches Mittel			

Ziel war es, die durchschnittliche Entfernung zur *StudierBar* zu ermitteln.

Wir haben gesehen, dass es verschiedene Mittelwerte gibt, die auch verschiedene Werte ergaben:

- arithmetisches Mittel: 200 Meter

- Median: 100 Meter

- Modus   20 Meter

Diskutieren Sie: Welches Maß „trifft es" am besten? Warum?

Aufgaben

Ü 2-10 In einem Unternehmen wurden bei den Mitarbeitern folgende Fehlzeiten gemessen in Tagen pro Jahr festgestellt. Wie groß ist jeweils der Median? [2 Min.] Ermitteln Sie die arithmetische Mittelwerte und die Modalwerte. [3 Min.]

a) 9; 3; 13; 0; 62; 12; 4; 12; 7; 2

b) 9; 3; 13; 0; 62; 4; 12; 7; 2

Ü 2-11 Bei der Befragung der Studierenden einer Statistik-Veranstaltung ergaben sich für folgende Altersangaben die in der Tabelle angegebenen Häufigkeiten. Bestimmen Sie für diese Stichprobe die folgenden Maßzahlen: a) arithmetisches Mittel; b) Modus; c) Median

Alter	Häufigkeit	
19	3	
20	7	
21	18	
22	20	
23	29	
24	23	
25	19	
26	11	
27	7	
28	8	
29	2	

Ü 2-12 Der Student Jan hat an 7 Tagen einer Woche folgende Mengen Kaffee getrunken (Angaben in Litern): 0,7; 1,6; 2,5; 3,2; 1,6; 2,4; 2,8. Berechnen sie den durchschnittlichen Kaffeekonsum als arithmetisches Mittel, Modus und Median. [3 Min.]

Ü 2-13 Alex bringt am 1.1. eines Jahres 1000 Euro zur Bank, die mit Zinseszinsen verzinst werden. In den ersten beiden Jahren bekommt er 4 %, in den folgenden drei Jahren 5,5 %, im 6. Jahr 5 % Zinsen. a) Auf wie viel Euro ist sein Vermögen nach 6 Jahren angewachsen? [3 Min.] b) Bei welcher (konstanten) Durchschnittsverzinsung hätte er das gleiche Endkapital erhalten? [3 Min.].

Ü 2-14 In einer Klausur wurden die folgenden Informationen abgefragt:

Die Veranstaltung Statistik beurteile ich mit der Note:	① ② ③ ④ ⑤	Die Veranstaltung hat mich auf diese Klausur gut vorbereitet:	Ja, sehr gut ... Nein, überhaupt nicht ① ② ③ ④ ⑤

Bei der Auswertung erhalte der Dozent S die folgenden Angaben:

A: Note für die Veranstaltung Statistik				B: Bewertung der Klausurvorbereitung			
	Anzahl Nennungen				Anzahl Nennungen		
Note	Frauen	Männer		Bewer-tung	Frauen	Männer	
1	8	10		1	10	6	
2	11	19		2	9	8	
3	12	14		3	17	17	
4	13	8		4	8	14	
5	9	6		5	9	12	

Ermitteln Sie für beide Merkmale alle sinnvollen und zulässigen Mittelwerte getrennt für Männer und Frauen. [8 Min.]

Ü 2-15 Bei einer Befragung der Studierenden (zweier Studiengänge) zu ihrer Meinung bezüglich des Wohnkomforts der Hörsäle mittels einer Ratingskala (1=sehr bequem bis 7 = miserabel) ergab sich folgendes Bild:

	absolute Häufigkeiten		Anteile f_i		kumulierte Anteile F_i		Quartile u. MEDIAN	
i	A	B	A	B	A	B	A	B
1	1	7						
2	2	6						
3	3	5						
4	4	4						
5	5	3						
6	6	2						
7	7	1						
Σ	28	28						

Ermitteln Sie für jede Veranstaltung Modus, arithmetisches Mittel sowie die Quartile. [10 Min.]

Ü 2-16 Die durchschnittliche Diplomnote für Abschlusszeugnisse wurden an der Hochschule Bremen bis 2005 als *gewichteter Median* berechnet. Nehmen wir an, zwei Studierende hatten im Diplom folgende Noten:

A	Gewicht	Note		B	Gewicht	Note	
VWL	15	1,0		VWL	10	1,0	
Wahlfach	15	1,3		Wahlfach	15	1,3	
ABWL	25	1,3		ABWL	10	1,3	
BBWL	20	3,7		BBWL	25	3,7	
Diplomarbeit	25	3,7		Diplomarbeit	40	3,7	

Heute werden die Durchschnittsnoten mit einem **gewichteten arithmetischen Mittel** errechnet.

Ermitteln die jeweiligen Durchschnittsnoten und vergleichen Sie die Ergebnisse. Welche Ermittlung ist statistisch zulässig, welche „besser"?

Diskutieren Sie die Vor- und Nachteile der beiden Methoden [5 Min.]

Lernschritt E – Streuungsmaße

Fallbeispiel | *StudierBar*

Aus Frische- und Geschmacksgründen verwendet die *StudierBar* nur frische Milch. Diese lässt sich aber nur begrenzt lagern. Im Durchschnitt werden pro Tag 4 Liter verbraucht, aber dieser Wert schwankt stark. An den letzten vier Tagen wurden 3, 2, 4 bzw. 7 Liter verbraucht.

Adam würde gerne diese Schwankungen beschreiben können, so dass in der Regel genug Milch da ist, auch an Tagen mit hohem Verbrauch.

2.3 Schwankende Einsichten: Streuungsmaße
Measures of Variability / Deviation

Nun kennen wir die „Lage" der Ausprägungen eines Merkmals durch die Lagemaße (= Mittelwerte). Aber oft interessiert in der Praxis auch die Schwankung/Streuung um diesen Mittelwert herum. An der Börse wird von Volatilität eines Wertpapiers gesprochen; in der Qualitätssicherung von Toleranzen und Abweichungen. Statistisch können diese (wiederum) mit verschiedenen Maßen gemessen werden.

Schwankung wird gemessen mittels der Abweichung (Abstand) gemessen als Differenz der Einzelwerte von Ihrem Mittelwert, meist $(x_i - \bar{x})$, wie Abbildung 4 verdeutlicht.

Es wird dann ein Mittelwert dieser Abweichungen gebildet, bei der DAA – der absoluten Abweichungen (ohne Vorzeichen), bei der Varianz der quadrierten Abweichungen, gehen wir *schrittweise* vor.

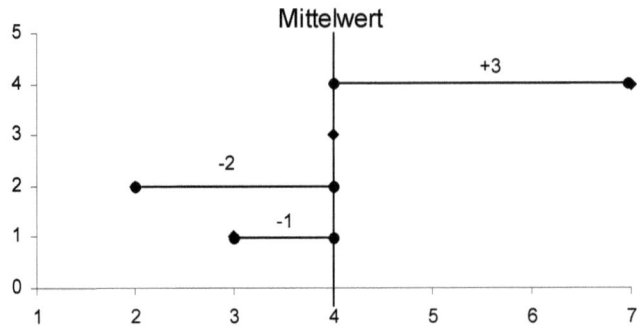

Abbildung 4: Abweichungen des täglichen Milchverbrauchs vom Mittelwert an 4 Tagen

2.3.1 Spannweite und durchschnittliche absolute Abweichung

Die Spannweite (SW) misst den Abstand zwischen dem größten und dem kleinsten Wert:

$$SW = x_{max} - x_{min} \qquad (2\text{-}25)$$

Die Durchschnittliche (oder mittlere) absolute Abweichung (DAA) misst, was ihr Name verspricht. Es werden die Absolut-Beträge (Werte ohne negatives Vorzeichen) der Abweichungen ermittelt und daraus ein Mittelwert errechnet.

$$DAA = \frac{1}{n}\sum_{i=1}^{n}|x_i - \bar{x}| \qquad (2\text{-}26)$$

Die DAA für unser Beispiel ermitteln wir in der Tabelle des folgenden Abschnittes.

2.3.2 Varianz und Standardabweichung

Obwohl die Definition der DAA eigentlich einleuchtender ist, wird in der Praxis zur Messung von Streuung fast nur die Standardabweichung (StAbw.) s bzw. σ verwendet. Um diese zu ermitteln, benötigen wir zunächst eine Hilfsgröße – die Varianz – die wir aber nicht inhaltlich interpretieren.

Für Stichproben und Populationen gibt es verschiedene Symbole und Formeln:

	Stichprobe	Population
Varianz	$s^2 = \frac{1}{n-1}\sum_{i=1}^{n}(x_i - \bar{x})^2 \quad (2\text{-}28)$	$\sigma^2 = \frac{1}{N}\sum_{i=1}^{N}(x_i - \mu)^2 \qquad (2\text{-}29)$
Standard-abweichung	$s = \sqrt{s^2} \qquad\qquad\qquad (2\text{-}32)$	$\sigma = \sqrt{\sigma^2} \qquad\qquad\quad (2\text{-}32)$

Zurück zur Frage nach dem Milchverbrauch. An sieben Tagen hintereinander ergaben sich die folgenden Verbrauchszahlen: **3, 2, 4, 7, 2, 6, 4** Liter. Ermitteln Sie $\bar{x}$, DAA, s und σ (was ist der Unterschied zwischen den beiden letzteren?).

x_i	$x_i - \bar{x}$	DAA	Varianz	Z-score
3				
2				
4				
7				
2				
6				
4				

Tabelle 9: Ermittlung von Streuungsmaßen

$\bar{x} =$

DAA =

s bzw. $\sigma =$

2.3.3 Variationskoeffizient

Der Variationskoeffizient VC dient zum Vergleich von Schwankungen, die auf verschiedenen Skalen gemessen wurden, z.B. wenn unterschiedliche Mittelwerte vorliegen. Nehmen wir an, die *StudierBar* misst folgende Verkaufszahlen in 6 Wochen.

Land	Verkaufszahlen ($\bar{x}$)	Schwankung (s)	VC = s / $\bar{x}$ (2-33)
Kaffee	500 (Tassen)	75	
Tee	150 (Kännchen)	15	
Torten der Wahrheit	50 (Stück)	10	

Vergleichen Sie die Schwankungen der verschiedenen Produkte mit dem Variationskoeffizienten.

Diese Maßzahlen können auch im Fall von klassierten Daten errechnet werden. Ermittlung anhand der im Fragebogen bewerteten Wichtigkeit von Frikadellen im Angebot der *StudierBar* durch jeweils 50 Studierende dreier Studiengänge A, B und C:

Auswertung einer Rating-Skala in Excel

Anteile, Standardabweichung, VC

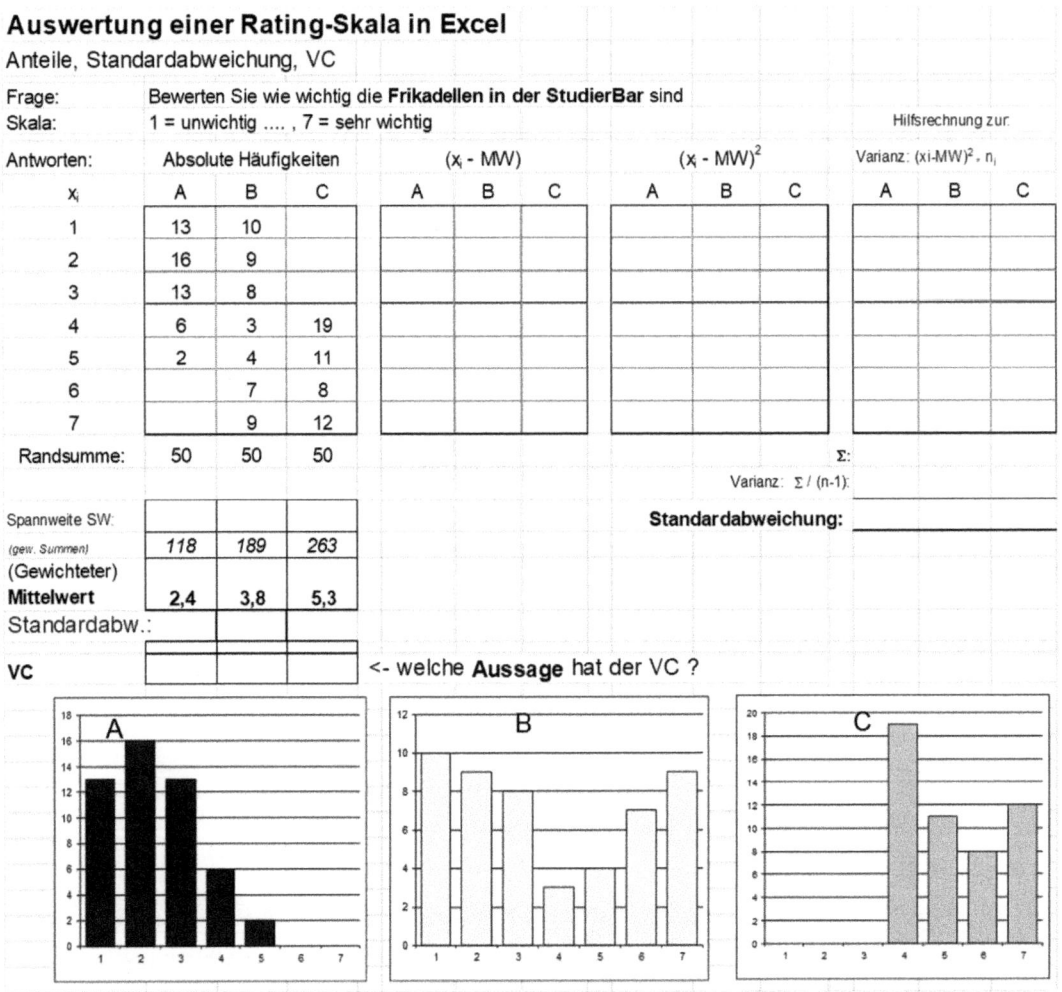

Frage:	Bewerten Sie wie wichtig die **Frikadellen in der StudierBar** sind									Hilfsrechnung zur:		
Skala:	1 = unwichtig .... , 7 = sehr wichtig											
Antworten:	Absolute Häufigkeiten			$(x_i - MW)$			$(x_i - MW)^2$			Varianz: $(x_i-MW)^2 \cdot n_i$		
x_i	A	B	C	A	B	C	A	B	C	A	B	C
1	13	10										
2	16	9										
3	13	8										
4	6	3	19									
5	2	4	11									
6		7	8									
7		9	12									
Randsumme:	50	50	50							Σ:		

Varianz: Σ / (n-1):

Spannweite SW:				
(gew. Summen)	118	189	263	**Standardabweichung:** _____
(Gewichteter) **Mittelwert**	2,4	3,8	5,3	
Standardabw.:				
VC				<- welche **Aussage** hat der VC ?

Tabelle 10: Ermittlung der Schwankungen von Rating-Skalen (Standardabweichung und VC) Excel

Anmerkung: Eine Verteilung wie bei B wird auch als **bimodale** Verteilung bezeichnet. Sie tritt beispielsweise bei Ergebnissen von (schriftlichen) Prüfungen auf (sehr viele gute Arbeiten, leider auch einige schlechte Arbeiten, wenige im mittleren Bereich).

Für Tabelle 10 benötigen wir die Formel 2-30 aus der Formelsammlung.

2.3.4 Standardisierung / Z-Scores

Z-Score als Maß der *relativen* Position der Einzelwerte zum Mittelwert

$$z = \frac{x_i - \bar{x}}{s} \qquad\qquad z = \frac{x_i - \mu}{\sigma} \qquad\qquad (2\text{-}34)$$

Interpretation: *Wie viele Standardabweichungen* rechts (positives z) oder links (negatives z) vom Mittelwert liegt die einzelne Beobachtung?

Tragen Sie die Z-Scores in die o.a. Tabelle 9 der Streuungsmaße ein.

Wir werden die Z-Scores in Kapitel 7 und 8 verwenden.

Übersicht zu Kapitel 2

Welche Maßzahlen für welche Daten ?

↓Maß Skala →	nominal	ordinal	Intervall	Verhältnis
Lagemaße (bereits erarbeitet in 2.2.6):				
Modus				
Median				
arithmetisches Mittel				
geometrisches Mittel				
Streuungsmaße:				
SW				
Perzentile				
DAA				
σ^2, σ				
VC				

Es gibt verschiedene Maße für die Streuung im Sinne der Abweichung der einzelnen Beobachtungswerte von ihrem Mittelwert.

Während die Spannweite und die DAA auf den Zahlenwerten selbst beruhen, wird die in der Praxis übliche Standardabweichung mittels Quadrieren der Abstände ermittelt und ist daher ein etwas abstrakteres Maß.

Schwankungen von Merkmalen mit unterschiedlichen Mittelwerten sollten mit dem Variationskoeffizienten verglichen werden.

Aufgaben

Ü 2-17 Gegeben sei Reihe: 18, 16, 3, 9, 7, 12, 10, 6, 13, 5. Berechnen Sie die Spannweite und die DAA. [4 Min.]

Ü 2-18 Die Marketingabteilung der PASTA AG möchte wissen, ob die Anzahl des verkauften Produktes (Basilikumpasta) in einem sehr engen oder breiten Bereich streuen.

a) Sie befragen 9 von 88 Bioläden in Berlin, die folgende Verkaufszahlen pro Monat angeben: 24; 18; 12; 8; 32; 26; 10; 22; 28. Bestimmen Sie die SW, Standardabweichung und DAA dieser Stichprobe. [4 Min.]

b) Was würde sich ändern, wenn es nur diese 9 Läden gäbe? Wie groß sind dann Varianz und Standardabweichung? [2 Min.]

Ü 2-19 In 10 Feinkostgeschäften wurden folgende Preise für Schokolade ermittelt (in €): 1,40; 1,60; 1,70; 1,50; 1,40; 1,80; 1,70; 1,60; 1,50; 1,80. Berechnen Sie Varianz und Standardabweichung. [3 Min.]

Ü 2-20 Die Sozialministerin möchte zur Kalkulation des Beitrages für Kindergarten- und Hortplätze wissen, welches verfügbare Einkommen die Familien zur Verfügung haben. Hierzu wurde ein repräsentativer Kindergarten ausgewählt. Hier wurden 600 Familien nach ihrem verfügbaren Monatseinkommen in Euro befragt. Das Ergebnis ist in der Tabelle enthalten. Berechnen Sie das arithmetische Mittel Varianz und Standardabweichung der Stichprobe. [5 Min.]

Einkommen von ... bis unter ...	unter 1,5	1,5 2,5	2,5 3,5	3,5 5,5	5,5 mehr
Klassenmitte	1	2	3	4,5	6
relative Häufigkeit	0,2	0,4	0,2	0,1	0,1

Ü 2-21 In zwei Klausuren erzielen die 9 TeilnehmerInnen die folgenden Ergebnisse:

Noten-Schema:

Punkte	Note
0	5,0
ab 50	4,0
ab 63	3,0
ab 76	2,0
ab 89	1,0

	Statistik			VWL	
i	Pkte	Note:	i	Pkte	Note:
1	100	1	1	90	
2	88	2	2	80	
3	71	3	3	70	
4	61	4	4	60	
5	49	5	5	50	
6	48	5	6	8	
7	48	5	7	8	
8	20	5	8	7	
9	11	5	9	6	

a) Ermitteln Sie die VWL-Noten der Studierenden. [2 Min.]

b) Ermitteln Sie für beide Klausuren die absoluten und relativen Häufigkeiten der Punkte (Klassen in 20er-Schritten *[0-20, 21-40, ..., 81-100]*) und der Noten („Klassenspiegel"). [2 Min.]

c) Zeichnen Sie diese Häufigkeitsverteilungen als Säulendiagramme jeweils untereinander (Punkteverteilungen untereinander, Notenverteilungen ebenso) und vergleichen Sie. [3 Min.]

d) Ermitteln Sie die sinnvollen und zulässigen Mittelwerte. [4 Min.]

e) Was fällt besser aus – Statistik oder VWL? [2 Min.]

Welche Besonderheiten der statistischen Maße fallen auf? [2 Min.]

Ü 2-22 Die folgende Tabelle gibt die Preise von 5 Autos in € und $ an.

x	€	12500	14700	24800	10000	16500
y	$	15000	17640	29760	12000	19800

Berechnen Sie für beide Reihen a) das arithmetische Mittel, b) die Standardabweichung und c) den Variationskoeffizienten. Was fällt Ihnen auf? [6 Min.]

Ü 2-23 a) Ermitteln Sie die Ihnen bekannten Mittelwerte aus folgenden Daten [2 Min.]

4	3	4	1	5	1	4	2	5	3	2

b) Welchen Mittelwert halten Sie für am geeignetsten, wenn es sich handeln würde um: [je 1 Min.] b.1 Klausurnoten ? - b.2 Angaben auf einer Ratingskala von 1=sehr gut bis 5=sehr schlecht ? b.3 Die Kinderzahl von Ehepaaren ? - b.4 Ihre täglichen Ausgaben in der Cafeteria in €?

Ü 2-24 Der durchschnittliche Bruttomonatsverdienst der Industrie lag für technische Angestellte bei 2504 € mit einer Standardabweichung von 470 € und für kaufmännische Angestellte bei 2.928 € mit einer Standardabweichung von 612 €. Was sagen diese Zahlen aus? [2 Min.]

Ü 2-25 Ein Angestellter hat in 4 aufeinanderfolgenden Jahren Gehaltserhöhungen von 6 v.H., 6 v.H., 10 v.H. und 12 v.H. (jeweils gegenüber dem Vorjahr) erhalten. Wie hoch war seine durchschnittliche jährliche Gehaltssteigerung?

Begründen Sie, warum ein arithmetischer Durchschnitt zu einer falschen Lösung führt. [3 Min.]

W 2-26 Befragung *StudierBar*[5]: Ermitteln sie für die Merkmale, bei denen das sinnvoll/möglich ist, den Variationskoeffizienten.

a) Welche Merkmale sind dies? [5 Min.]

b) Welche Besonderheiten fallen Ihnen auf? [3 Min.]

W 2-27 Welchen Sinn hat der Variationskoeffizient? Nennen Sie Anwendungsbeispiele. [2 Min.]

Lernschritt F – Zusammenhänge und Korrelationen

Fallbeispiel | *StudierBar*

Immer wieder wird Chris gefragt, ob die Produkte fair gehandelt sind. Andere erkundigen sich, ob die Waren aus der Region stammen. Sie fragt sich, ob diese beiden Wünsche etwas miteinander zu tun haben, also ob diejenigen, die sich regionale Produkte wünschen, auch einen fairen Handel wichtig finden. Generell möchte sie wissen, ob die verschiedenen Kundenwünsche miteinander zusammenhängen.

Auch Beate interessiert sich für einen Zusammenhang: den zwischen dem Preis der Torten-Bestellungen und den bestellten Mengen.

3 Mehrere Merkmale im Verhältnis: mehrdimensionale Daten
Relations of several Variables

Bei der Analyse mehrerer Merkmale stellt sich die Frage nach den **Zusammenhängen** zwischen diesen. Dabei betrachten wir die Kernfragen:

[1] Gibt es einen Zusammenhang?

[2] Wie stark ist er?

[3] Kann er in funktionaler Form beschrieben werden?

---

[5] Vergleiche Abschnitt 1.2.2, 1.2.3 und Anhang 12.2

Aber zunächst müssen wir unsere Häufigkeitsbegriffe etwas erweitern – eben zweidimensional. Damit haben wir nun ein Merkmal X und ein Merkmal Y.

3.1 Allgemeine Grundbegriffe: Darstellung und Randverteilungen
Basic Concepts

X, Y → Merkmale (Variable) mit *einzelnen* Beobachtungen (Ausprägungen)

n = Anzahl der (gemeinsamen) Beobachtungen → $i = 1, ..., n$

Einzelne Merkmale und Ausprägungen:

$X = (x_1, x_2, ... x_m)$ → x_j *mit j = 1, ..., m*   in den Zeilen

$Y = (y_1, y_2, ... y_q)$ → y_k *mit k = 1, ..., q*   in den Spalten

Paare von Beobachtungswerten:

allgemein für jede gemeinsame Beobachtung i   → $(x_i ; y_i)$
oder einzelne **Kombinationen**   → $(x_j ; y_k)$

Zweidimensionale Häufigkeitstabellen (Korrelations- oder Kontingenztabellen)

Es bezeichnet **$h(x_j ; y_k)$** die *Zellenbesetzung* = absolute **Häufigkeit** der Kombination

	y_1	y_2	...	y_q	x_j	$f(x_j)$ %
x_1	$h(x_1 ; y_1)$	$h(x_1 ; y_2)$	...	$h(x_1 ; y_q)$	$h(x_1)$	$f(x_1)$
x_2	$h(x_2 ; y_1)$	$h(x_2 ; y_2)$	...	$h(x_2 ; y_q)$	$h(x_2)$	$f(x_2)$
...	...	...	...	...	...	...
x_m	$h(x_m ; y_1)$	$h(x_m ; y_2)$	...	$h(x_m ; y_q)$	$h(x_m)$	$f(x_m)$
y_k	$h(y_1)$	$h(y_2)$	...	$h(y_q)$	n	
$f(y_k)$ %	$f(y_1)$	$f(y_2)$	...	$f(y_q)$		

In der Praxis ist dies deutlich einfacher als die vielen Symbole auf den ersten Blick aussehen. Ein einfaches Beispiel aus der *StudierBar*-Befragung ist eine Auszählung nach Altersgruppen und Geschlecht:

	Geschlecht		
Altersgruppe	männlich	weiblich	**alle Personen**
unter 20	4	14	**18**
20-21	12	10	**22**
22++	5	5	**10**
alle Personen	**21**	**29**	**50**

Rand-Summen (hier: Zeilensumme)

Gesamtsumme

Randsummen (hier: Spaltensumme)

Die **Randsummen** sind dabei die marginalen Häufigkeiten:

Zeilensumme $h(x_j) = \sum_{k=1}^{q} h(x_j; y_k) \rightarrow$ Zeilenprozente $f(x_j; y_k) = \frac{h(x_j; y_k)}{h(x_j)} (\cdot\ 100)$ (3-1)

Spaltensumme $h(y_k) = \sum_{j=1}^{m} h(x_j; y_k) \rightarrow$ Spaltenprozente $f(x_j; y_k) = \frac{h(x_j; y_k)}{h(y_k)} (\cdot\ 100)$ (3-2)

$n = \sum_{j=1}^{m} h(x_j) = \sum_{k=1}^{q} h(y_k)$ ist die Anzahl der Beobachtungen   (3-3)

In der Eingangsfrage geht es um den Zusammenhang zwischen dem Kundenwünschen nach regionalen Produkten und fairem Handel.

Wir beobachten daher die Kombinationen der Antworten dieser beiden Fragen unseres Fragebogens aus Kapitel 1 (vgl. Anhang 12.3): Wichtigkeit von fair gehandelten Produkten (x_j) und Produkten aus der Region (y_k):

x_j	y_k
1	3
5	5
4	3
4	5
4	4
3	3
3	4
3	5
1	3
3	3
3	3

x_j	y_k
4	4
3	5
4	3
3	5
5	5
1	5
1	4
2	5
5	4
4	2
1	1

x_j	y_k
5	5
5	3
4	4
4	4
3	2
5	3
5	5
5	5
4	3
2	5
3	4

x_j	y_k
4	3
4	2
3	4
3	2
2	2
3	3
5	5
3	3
3	4
4	4

Die zweidimensionale Häufigkeitsverteilung ist daher:

fair gehandelt (Frage 11)	Produkte aus der Region (Frage 9)						
	y_1	y_2	y_3	y_4	y_5	absolut	relativ
x_1							
x_2							
x_3							
x_4							
x_5							
absolut							
relativ							

Tabelle 11: Korrelations-/Kontingenztabelle – zweidimensionale Häufigkeitstabelle

Für die nähere Betrachtung – und Berechnung – von Zusammenhängen kommt es wieder auf die Skala an, auf der die betrachteten Merkmale gemessen sind. Für metrische und ordinale Merkmale sprechen wir von Korrelation, für nominal skalierte von Kontingenz.

3.2 Zusammenhänge zwischen metrisch skalierten Merkmalen
Correlation of Metrically Scaled Variables

3.2.1 Korrelationen

 Die **Korrelationsanalyse** ist ein statistisches Verfahren, welches die Stärke der Beziehung zwischen zwei (metrischen) Merkmalen misst.

Korrelationsmaße messen die Stärke eines Zusammenhanges. Das bekannteste Korrelationsmaß für metrische Merkmale ist der **Korrelationskoeffizient** (nach Bravais-Pearson).

Ein positiver Zusammenhang (r größer als 0) heißt, dass je größer die Ausprägung des einen Merkmals (X), desto *größer* auch die des anderen Merkmals (Y); Ein negativer Zusammenhang (r kleiner als 0) heißt, dass je größer die Ausprägung des einen Merkmals (X), desto *kleiner* die des anderen Merkmals (Y), wobei der Zusammenhang desto stärker ist, je näher r an 1 bzw. -1. Ein Korrelationskoeffizient nahe oder gleich Null bedeutet, dass es *keinen* Zusammenhang zwischen X und Y gibt. Der Korrelationskoeffizient r ist also eine Kennzahl, die eine große Menge an Informationen verdichten kann, indem das Verhältnis vieler Wertepaare in einer Maßzahl r zusammengefasst wird.

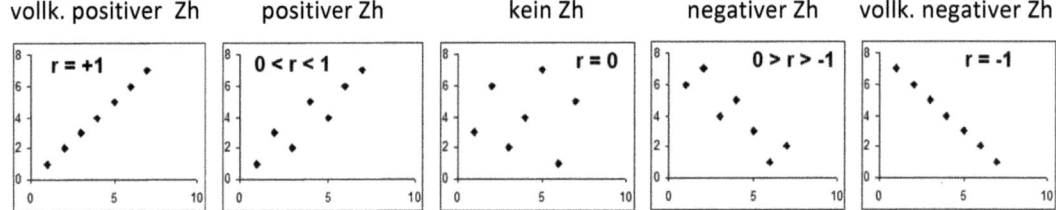

Abbildung 5: Der Wert des Korrelationskoeffizient misst die Stärke von Zusammenhängen (Zh)

Der Korrelationskoeffizient wird gemessen, indem die Lage der jeweiligen Merkmalsausprägungen zu ihrem Mittelwert betrachtet wird, die schon im zweiten Kapitel verwendete Distanz $(x_i - \bar{x})$, nur dass es jetzt um zwei Merkmale geht. Die formale Ermittlung ist:

$$r = \frac{\sum (x_i - \bar{x})(y_i - \bar{y})}{\sqrt{\sum (x_i - \bar{x})^2 \sum (y_i - \bar{y})^2}} \tag{3-6}$$

Auch diese Formel ist „nicht so schlimm wie sie aussieht", es sind letztlich nur drei Zahlen, die wir errechnen müssen, die drei Summen – eine im Zähler und zwei im Nenner des Bruchs. Am besten wieder mit einem Zahlenbeispiel.

In der folgenden Tabelle finden Sie zwei Merkmale X und Y. Für die Bestellung von Torten der Wahrheit liegen die Abrechnung der letzten sechs Lieferungen vor: X = Anzahl der Torten und Y = Rechnungsbetrag in €.

Weisen diese einen Zusammenhang auf?

Beispielaufgabe Korrelation - Bestellung von Torten der Wahrheit

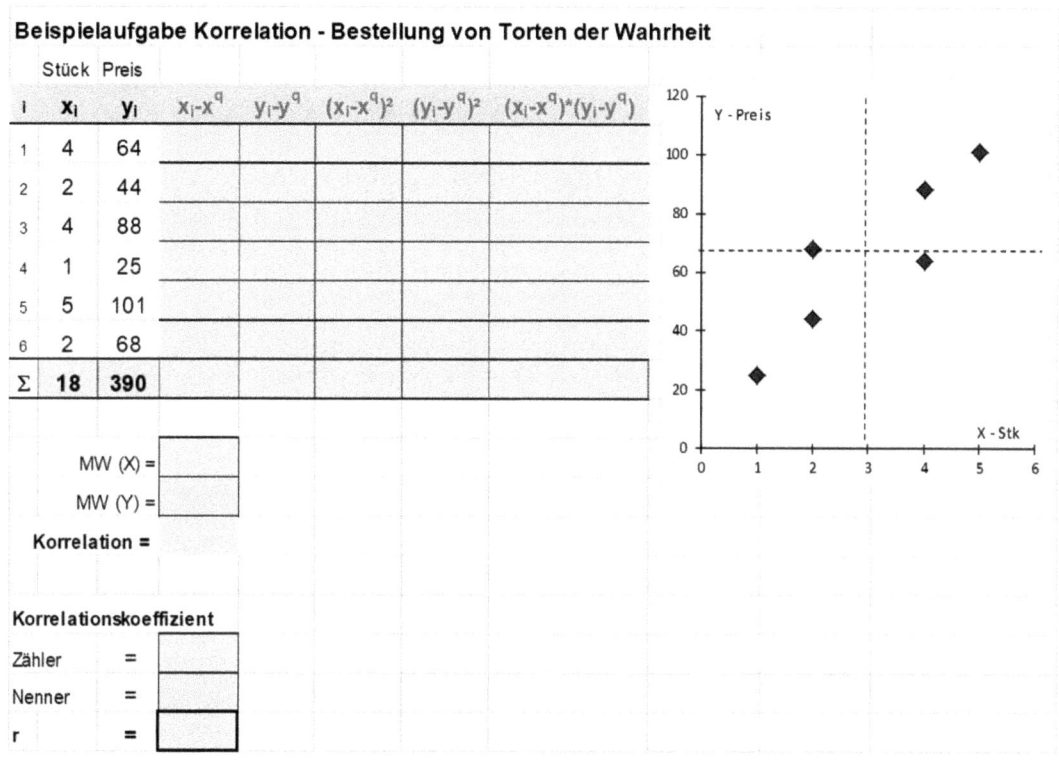

i	x_i	y_i	$x_i - x^q$	$y_i - y^q$	$(x_i - x^q)^2$	$(y_i - y^q)^2$	$(x_i - x^q)*(y_i - y^q)$
1	4	64					
2	2	44					
3	4	88					
4	1	25					
5	5	101					
6	2	68					
Σ	18	390					

MW (X) =

MW (Y) =

Korrelation =

Korrelationskoeffizient

Zähler	=	
Nenner	=	
r	=	

Tabelle 12: Korrelationskoeffizient nach Bravais-Pearson für zwei metrische Variablen in Excel[6]

Welche Werte kann r (logischerweise nur) annehmen?

Interpretieren Sie das Ergebnis auf dieser Basis.

---

[6] In den Excel-Screenshots wird x^q als Symbol für $\bar{x}$ verwenden.

Korrelationstabelle: Zusammenhänge zwischen den Fragen zur Wichtigkeit

Befragung *StudierBar* aus Kapitel 1 (vgl. Abschnitt 1.2.2, 1.2.3 und Anhang 12.2).

Zwischen welchen o.a. Merkmalen bestehen (erkennbare) Zusammenhänge. Sind diese inhaltlich sinnvoll?

		V8	V9	V10	V11	V12	V13	V14	V15	V16
8. Öffnungszeit: morgens ab 8:00	V8	1.00								
9. Öffnungszeit: abends möglichst lang	V9	0,10	1.00							
10. alkoholische Getränke	V10	-0,01	0,24	1.00						
11. Snacks	V11	0,19	0,25	-0,05	1.00					
12. fair gehandelte Produkte	V12	-0,35	-0,04	-0,35	0,07	1.00				
13. Produkte aus der Region	V13	-0,22	-0,03	0,03	-0,03	0,60	1.00			
14. biologische Produkte	V14	-0,14	-0,01	-0,18	0,15	0,66	0,81	1.00		
15. vegetarische Angebote	V15	-0,11	-0,02	-0,35	0,19	0,31	0,49	0,57	1.00	
16. Frikadellen	V16	0,13	-0,12	0,50	-0,20	-0,22	0,09	-0,07	-0,31	1.00

Tabelle 13: Korrelationstabelle: Zusammenhänge zwischen den Fragen zur Wichtigkeit

Wenn Sie sich diese 9 Fragen anschauen: zwischen welchen erwarten Sie Zusammenhänge – in welcher Richtung? Vergleichen Sie dann Ihre Erwartungen mit den Werten in der Tabelle und diskutieren Sie das Ergebnis.

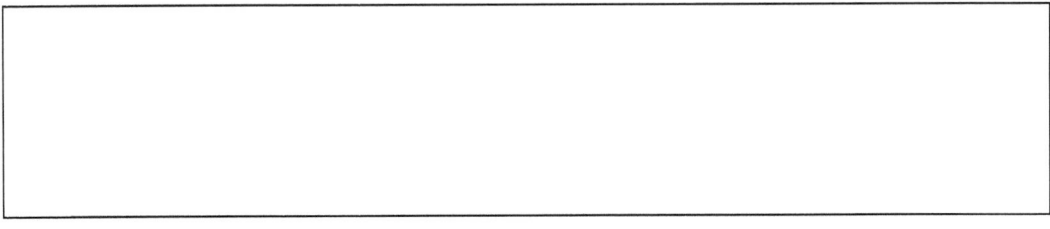

Bei der Beschreibung mehrerer Merkmale und ihres Zusammenhangs muss zunächst beachtet werden, dass es für verschiedene Skalen auch verschiedene Zusammenhangmaße gibt. Für metrische und ordinale Merkmale sprechen wir von Korrelation, für nominal skalierte von Kontingenz.

Kreuztabellen als zweidimensionale Häufigkeitstabellen können für alle Merkmale gebildet werden. Mit einer solchen konnte Chris sehen, dass ein Zusammenhang zwischen den von ihr betrachteten Kundenwünschen besteht.

Der Korrelationskoeffizient nach Bravais-Pearson beschreibt den linearen Zusammenhang zwischen metrischen Merkmalen, er kann Werte zwischen -1 und 1 annehmen. Beate erkennt, dass es bei Torten der Wahrheit einen starken Zusammenhang zwischen den Bestellmengen und dem Rechnungsbetrag gibt.

Aufgaben

Ü 3-1 Wie unterscheiden sich Kontingenztabellen von Korrelationstabellen? [1 Min.]

Ü 3-2 Was sind Randverteilungen und wofür werden sie benötigt? [1 Min.]

Ü 3-3 Erstellen Sie aus den folgenden Angaben einer Personalabteilung eine Korrelationstabelle und ermitteln Sie die Randhäufigkeiten. [8 Min.]

Mitarbeiter	1	2	3	4	5	6	7	8	9	10	11	12	13	14	15
Steuerklasse	1	2	5	5	4	3	2	4	1	2	3	2	1	3	4
Anz. Kinder	1	1	5	1	4	3	2	2	3	4	5	4	3	2	4
Mitarbeiter	16	17	18	19	20	21	22	23	24	25	26	27	28	29	30
Steuerklasse	2	1	2	2	2	2	5	5	1	2	3	3	5	3	3
Anz. Kinder	4	1	2	3	4	5	3	2	3	4	3	4	1	2	3

Ü 3-4 20 Haushalte (H) werden nach ihrem monatlichen Einkommen (y) und den monatlichen Konsumausgaben (c) befragt. Das Ergebnis lautete:

H	1	2	3	4	5	6	7	8	9	10
y	800	1200	1100	1480	1300	900	1000	1200	800	925
c	700	820	930	1270	1160	840	620	970	680	750

H	11	12	13	14	15	16	17	18	19	20
y	1150	870	1420	950	1350	1280	1040	1470	1220	1120
c	870	870	1050	920	1250	1010	820	1310	1200	980

Stellen Sie die Beobachtungswerte in einer Korrelationstabelle dar. Verwenden Sie folgende Klassen: 500 bis unter 700, 700 bis unter 900, 900 bis unter 1100, 1100 bis unter 1300, 1300 bis unter 1500. [4 Min.]

Ü 3-5 Unternehmen im Einzelhandel (E) wurden nach ihrem Gesamtumsatz (U) und ihren Personalausgaben (A) befragt. Folgende Antworten wurden gegeben. (Angaben in TEuro)

E	1	2	3	4	5	6	7	8	9	10	11	12	13	14
U	140	250	220	310	380	460	540	350	575	290	480	480	390	450
A	75	80	130	170	170	290	375	240	410	220	250	390	250	340

a) Stellen Sie die Beobachtungswerte in einer Korrelationstabelle dar, bei der sowohl für den Umsatz als auch für die Personalausgaben Klassen der Breite 100 verwendet werden. [4 Min.]

b) Zeichnen Sie ein Streuungsdiagramm der Beobachtungswerte. [2 Min.]

c) Errechnen Sie den Korrelationskoeffizienten. [4 Min.]

Lernschritt G – Regressionsanalyse

Fallbeispiel | *StudierBar*

Beate hat im vorigen Schritt mithilfe der Korrelationsanalyse ermittelt, dass – logischerweise – zwischen den Bestellmengen und dem Rechnungsbetrag ein starker Zusammenhang besteht. Aber eigentlich hätte sie erwartet, dass es einfach einen Preis für jede Torte gibt. Sie ruft bei der Bäckerei an und erhält die Auskunft: „Das kann ich so nicht sagen, jede Torte ist anders. Wenn der Auftrag gemacht ist, rechne ich nach Aufwand ab, das haben wir immer schon so gemacht".

Sie braucht aber nun einmal eine Kalkulationsbasis, d.h. den erwarteten Rechnungsbetrag. Für die kommenden Klausurwochen geht sie von einer hohen Nachfrage aus (Torte als Nervennahrung) und will einmal 7 und einmal 9 Torten bestellen. Welche Rechnungsbeträge erwartet sie dafür?

3.2.2 Regressionen (Lineare Einfachregression)
Regression Analysis

Bei einer **Regressionsanalyse** wird ein Zusammenhang derart formalisiert, dass für jede Ausprägung des erklärenden Merkmals (X) (Regressor) einen Schätzwert für das erklärte Merkmal (Y) (Regressand) errechnet werden kann.

In unserem Beispiel ist der Rechnungsbetrag die abhängige Variable Y und die bestellte Menge die unabhängige Variable X.

Es soll ein kausaler Zusammenhang zwischen den Merkmalen X und Y bestimmt werden, derart dass eine Funktion gefunden wird, die bei gegebenen X-Werten die Y-Werte vorhersagt:

$\hat{y} = a + b \times x$, wobei das $\hat{y}$ anzeigt, dass es sich um einen ***Schätzwert*** für y handelt   (3-7)

Graphisch stellt diese lineare (Schätz-)Funktion eine Gerade durch die Punktewolke dar, die wir finden müssen. Diese Gerade startet am Y-Achsenabschnitt a und hat die Steigung b.

i	Stück x_i	Preis y_i	x_i^2	$x_i \cdot y_i$	$\hat{y}$	e_i	$y^\wedge$-Yq	$(y^\wedge$-Yq$)^2$	y-Yq	$(y$-Yq$)^2$
1	4	64								
2	2	44								
3	4	88								
4	1	25								
5	5	101								
6	2	68								
Σ										

Ermittlung R²:

REGRESSION:

n =

a =

b =

Zähler: | Nenner:

Schätzung anderer x-Werte:

7

9

Tabelle 14: Ermittlung der Regressionsfunktion in Excel

Die wirklichen Y-Werte, die einzelnen y_i liegen in der Regel nicht auf, sondern über oder unter der Schätz-Gerade. Wenn die senkrechte Abstand zwischen den y_i-Punkten und der Geraden (den entsprechenden $\hat{y}_i$-Punkten) als e_i (von englisch error) oder **Residuen** bezeichnet werden, gilt:

$$y = a + b \cdot x + e \qquad \text{und es ergibt sich, dass } e = y - \hat{y} \qquad \text{(3-8) und (3-9)}$$

wie aus der folgenden Abbildung deutlich wird:

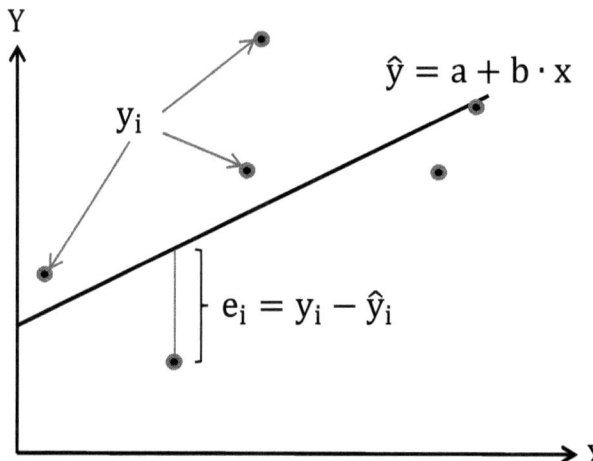

Abbildung 6: Regressionsfunktion: Beobachtete und geschätzte Werte

Die optimale Regressionsgerade liegt so, dass die Residuen möglichst klein sind.

Mathematisch werden die quadrierten Residuen minimiert: $\sum(e_i)^2 \rightarrow$ Min!

was der Methode ihren Namen gegeben hat: „Einfache Methode der Kleinste Quadrate" (**KQ**-Regression) oder Englisch „Ordinary least squares" (**OLS**-Regression).

Wichtigste Unterscheidung:

$y_i \rightarrow$ **beobachtete** Werte, sie liegen i.d.R. neben der Gerade (ober- oder unterhalb)

$\hat{y}_i \rightarrow$ vorhergesagte **Schätzwerte**, sie liegen immer auf der Gerade, sie bilden die Gerade.

$e_i \rightarrow$ **Residuen**: Abstand zwischen y_i und $\hat{y}_i$: $e = y - \hat{y}$

Formeln für die gesuchten Schätzparameter a und b:

Lineare Einfachregression nach der Methode der Kleinsten Quadrate (KQ):

$$a = \frac{\sum x_i^2 \sum y_i - \sum x_i \sum x_i y_i}{n \sum x_i^2 - (\sum x_i)^2}$$

(3-10)

$$b = \frac{n \sum x_i y_i - \sum x_i \sum y_i}{n \sum x_i^2 - (\sum x_i)^2}$$

Auch dies ist wieder weniger kompliziert als es aussieht. Wir ermitteln nun a und b mit den o.a. Werten, indem wir die Arbeitstabelle benutzen (Tabelle 14).

Wir haben nun die Regressionsgerade ermittelt:

$\hat{y} = a + b \times x$, also hier

$\hat{y} = \_\_ + \_\_ \times x$

Interpretieren Sie diese Regressionsfunktion: Was bedeuten a und b?

Welche Eigenschaften hat eine KQ-Regression?

Beispiel aus unserer Fallstudie:

Zusammenhang Körpergröße / Körpergewicht
Obere Grafik: Frauen und Männer (n = 34)
untere Grafiken: links Frauen (n = 16), rechts Männer (n = 18)

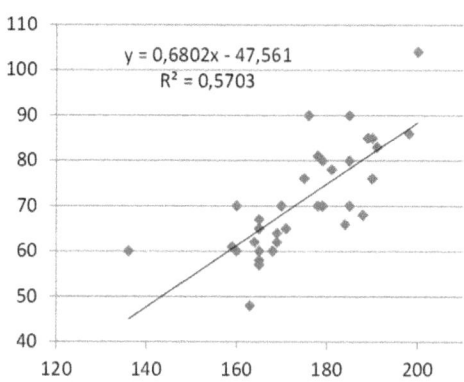

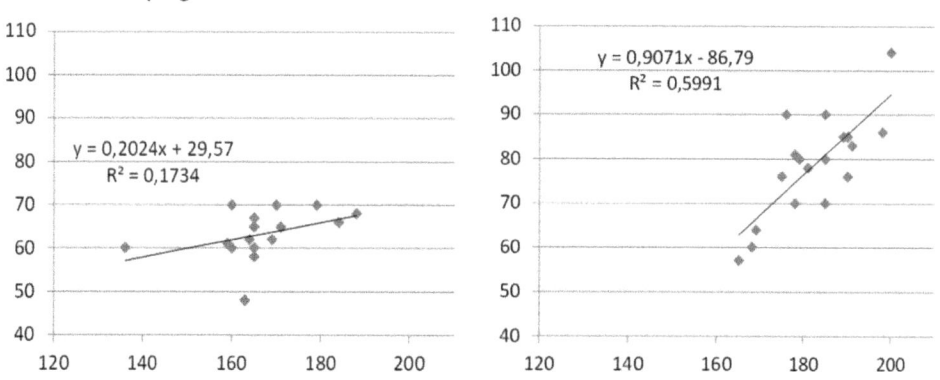

Abbildung 7: Zusammenhang Körpergröße / Körpergewicht mit Regressionsanalyse

Nächster Schritt: **Schätzgüte**

Und **„wie gut"** ist die so gefundene Funktion, d.h.: wie gut bildet sie den Zusammenhang ab?

D.h.: Können wir dieser Funktion „glauben", obwohl die Gerade (in der Regel) ja keinen der Punkte direkt „trifft"?

Betrachtung der Schätz**güte** und Ermittlung eines **Gütemaßes.**

Wir gehen diese Frage an, indem wir die Gesamtstreuung der y_i-Werte ($y_1 - \bar{y}$) zerlegen in einen erklärten und einen unerklärten Teil:

$$R^2 = \frac{\text{erklärte Streuung}}{\text{Gesamtstreuung}} \quad \text{oder formal: } R^2 = \frac{\sum(\hat{y}_i - \bar{y})^2}{\sum(y_i - \bar{y})^2} \tag{3-12}$$

Dies kann veranschaulicht werden als:

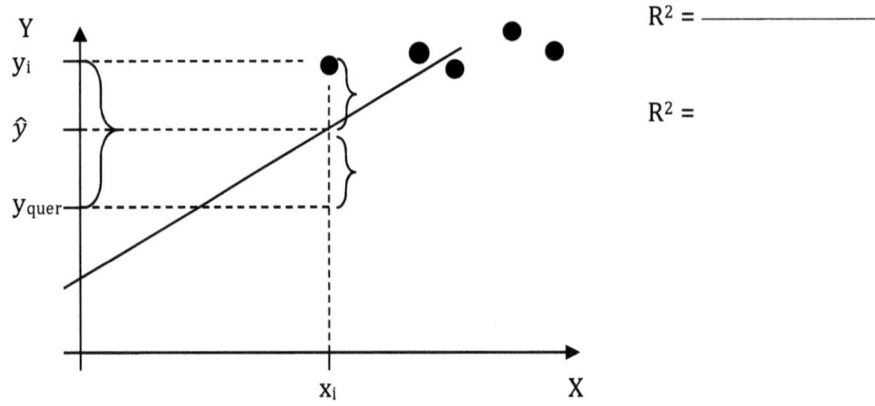

Abbildung 8: Ermittlung des Gütemaßes R^2

> Regressionsanalyse ist eine der hilfreichsten und meistverwendeten Methoden der (deskriptiven) Statistik. Mit ihr kann auf recht einfache und übersichtliche Weise der kausale Zusammenhang zwischen zwei Merkmalen (formal) beschrieben werden und die zu erwarteten Werte der abhängigen Variablen Y durch die Werte der unabhängigen Variablen X geschätzt werden.
>
> Die Schätzgleichung lautet: $\hat{y} = 17 + 16 \cdot x$. Beate muss zukünftig nur noch die Bestellmenge als X-Wert einsetzen und mithilfe des Schätzmodells wird der zu erwartende Rechnungsbetrag vorhergesagt. Für 7 Torten ist ein Rechnungsbetrag von 129,00 und für 9 Torten einer von 161,00 Euro zu erwarten.

Aufgaben

Ü 3-6 Gegeben sind folgende Beobachtungswerte $(x_i; y_i)$: (1;1), (1;3), (3;2), (4;4), (5;6), (6;5). Zeichnen Sie ein Streuungsdiagramm, bestimmen Sie die linearen KQ-Regressionsfunktionen $\hat{y} = a + b \cdot x$ und $\hat{x} = a' + b' \cdot y$ und zeichnen Sie beide[7]. [10 Min.]

Ü 3-7 In Abbildung 7 finden Sie Regressionsanalysen: $\hat{y} = a + b \cdot x$ mit y = Körpergewicht und x = Körpergröße aus den in der Veranstaltung erhobenen Daten. Errechnen Sie jeweils für die Körpergrößen 1, 40 bis 1, 90 in 5-cm-Schritten sowie für Ihre eigene Körpergröße jeweils das zu erwartende Körpergewicht. [4 Min]

Ü 3-8 Werden statt der in 3-7 angegebenen Regression für alle Befragten jeweils eine getrennte Regression für Frauen und Männer durchgeführt, so ergeben sich die folgenden Ergebnisse:

Frauen:	$\hat{y} = 69{,}404\ x - 57{,}316$	$R^2 = 0{,}25$
Männer:	$\hat{y} = 94{,}445\ x - 93{,}642$	$R^2 = 0{,}49$

---

[7] Mit x^ (oder yx-Regression) ist gemeint, dass inhaltlich die Kausalität herumgedreht wird. Praktisch geht das, indem Sie die Werte von x und y vertauschen und noch einmal neu rechnen. (Es geht also *nicht* darum, die y^-Regression nach x aufzulösen). Interessant ist die Frage nach dem gemeinsamen Punkt dieser beiden Geraden.

Ermitteln Sie die zu erwartenden Körpergewichte für die in Aufgabe 3-7 angegebenen Größen und zeichnen Sie alle drei Regressionsgeraden in ein Diagramm ein. Welche Besonderheiten fallen Ihnen auf? [4 Min.]

Ü 3-9 Gegeben sind die folgenden Wertepaare:

x_i	1	1	2	2	3	3
y_i	1	3	2	4	3	5

a) Stellen Sie die Wertepaare graphisch dar. [1 Min.]

b) Bestimmen und zeichnen Sie eine lineare yx- und xy- Regressionsfunktion (siehe Fußnote) nach dem Kriterium der kleinsten Quadrate. [6 Min.]

c) Bestimmen Sie den Schnittpunkt der unter b) bestimmten Regressionsgeraden. [2 Min.]

d) Bestimmen Sie für beide Regressionsfunktionen die Summe der Residuen. [1 Min.]

Ü 3-10 Gegeben sind die folgenden Wertepaare $(x_i;y_i)$: (-2;1), (-1;1), (-1;3), (1;3), (1;5), (2;5). Berechnen Sie eine lineare KQ-Regressionsfunktion $\hat{y} = a + b \cdot x$. [8 Min.]

M 3-11 Welche der folgenden Aussagen über eine Regressionsgerade $\hat{y} = 4 + 15 x$, die nach dem Kriterium der kleinsten Quadrate berechnet wurde, sind falsch? [je 1,5 Min.]

a) Da die Regressionsgerade einen sehr starken Anstieg hat (b = 15), besteht ein enger (stark ausgeprägter) Zusammenhang zwischen den Merkmalen X und Y.

b) Es liegt ein Rechenfehler vor, denn für den Parameter b einer Regressionsfunktion gilt: $-1 \leq b \leq 1$.

c) Wenn sich x um eine Einheit erhöht, erhöht sich y durchschnittlich um 15 Einheiten.

d) Wenn sich x um eine Einheit erhöht, erhöht sich y durchschnittlich auf das 15-fache.

e) Die Regressionsfunktion sagt nichts darüber aus, wie stark bzw. wie schwach die Abhängigkeit von x und y ist.

Ü 3-12 Gegeben sind die folgenden Wertepaare:

(1;1), (1;3), (2;6), (3;2), (4;4), (5;6), (6;5). In der Skizze sind die Wertepaare sowie 3 Geraden eingezeichnet. Zwei dieser Geraden können nicht die nach dem Kriterium der kleinsten Quadrate berechnete Regressionsgerade für die Wertepaare sein. Geben Sie diese Geraden an. [2 Min.]

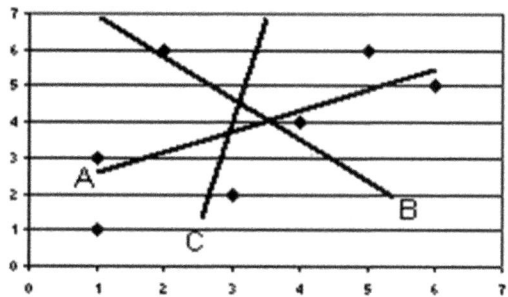

M 3-13 Es wurde für den Zusammenhang zwischen den Merkmalen „monatliche Ausgaben für Lebensmittel in EUR" (y) und „monatliches Einkommen in EUR" (x) von Haushalten folgende KQ-Regressionsfunktion berechnet: $\hat{y} = 0,15 \cdot x + 100$. Welche der folgenden Aussagen sind richtig? [je 1,5 Min.]

a) Die Lebensmittelausgaben der untersuchten Haushalte betragen im Durchschnitt 15 % des Einkommens.

b) Die Regressionsfunktion enthält einen Fehler, da bei Haushalten unter 117,65 EUR Einkommen die Lebensmittelausgaben das Einkommen übersteigen.

c) Durchschnittlich ergibt sich zu einem Einkommensunterschied von 100 EUR zwischen zwei Haushalten ein Lebensmittelausgabenunterschied von 15 EUR.

d) Eine Einkommensteigerung um 1 % führt im Durchschnitt der untersuchten Haushalte zu einer Ausgabenerhöhung für Lebensmittel um 0,15 %.

e) Je kleiner das Einkommen der untersuchten Haushalte, desto kleiner im Durchschnitt die Lebensmittelausgaben.

M 3-14 Eine Bank berechnet die Anzahl ihrer möglichen Kunden y in Abhängigkeit von den angestellten Beratern x. Zurzeit sind 20 Berater beschäftigt. Folgende KQ-Regressionsfunktion wurde von der Geschäftsführerin ermittelt: $\hat{y} = -10 + 80 \cdot x$. Welche Aussagen sind richtig? [je 1,5 Min.]

a) Eine Zunahme der Berater um 10 % führt zu einer durchschnittlichen Zunahme der Kunden um 8 %.

b) Würden 10 Berater zusätzlich eingestellt werden, könnten 800 Kunden mehr betreut werden.

c) Die Anzahl der möglichen Kunden beträgt durchschnittlich 80 % der Anzahl der angestellten Berater.

d) Die Regressionsfunktion muss falsch sein, weil a < 0 ist.

Ü 3-15 Von einer KQ-Regressionsfunktion $\hat{y} = a + b \cdot x$ ist die Steigung b = 0,35 bekannt. Zwei Werte konnten beobachtet werden: $\bar{x}$ = 32, $\bar{y}$ = 17. Schließen Sie auf die Funktion. [3 Min.]

Ü 3-16 Für eine yx-Regressionsfunktion $\hat{y} = a + b \cdot x$ sind $\bar{x}$ = 36, $\bar{y}$ = 9 gegeben und wenn x sich um 10 Einheiten erhöht, erhöht sich y um 2,5 Einheiten. Wie lautet diese lineare Regressionsfunktion? [3 Min.]

M 3-17 Zur Berechnung der maximalen Herzfrequenz y (bpm: *beats per minute*) beim Ausdauersport wird folgende Formel in Abhängigkeit vom Lebensalter des Sportlers zugrunde gelegt: $\hat{y} = 220 - 2 \cdot x$. Welche Aussagen sind richtig? [je 1,5 Min.]

a) Personen im Alter von 30 Jahren sollten maximal mit einer Herzfrequenz von 160 bpm trainieren.

b) Personen, die 50 % älter sind als andere, sollten mit einer 100 % geringeren Herzfrequenz trainieren.

c) Eine 5 Jahre ältere Person sollte mit 10 Herzschlägen pro Minute weniger trainieren.

d) Die Regressionsgerade muss falsch sein, da Personen über 80 keinen Ausdauersport betreiben könnten, da die Herzfrequenz unter 60 Schläge pro Minute absinken würde.

M 3-18 Für den Zusammenhang zwischen zwei Merkmalen X und Y ist eine lineare KQ-Regressionsfunktion berechnet worden: $\hat{y} = 0,5 + 17,7\, x$. Welche der folgenden Aussagen sind richtig?

a) Es besteht ein enger (stark ausgeprägter) Zusammenhang zwischen den Merkmalen.

b) Es liegt ein Rechenfehler vor, denn für eine lineare Regressionsfunktion $\hat{y} = a + b \cdot x$ gilt allgemein: $-1 \le b \le 1$.

c) Die Regressionsfunktion sagt nichts darüber aus, wie eng (ausgeprägt) der Zusammenhang ist.

d) Da a fast 0 ist, ist der Zusammenhang nur sehr schwach.

e) Wenn sich x um einen bestimmten Betrag ändert, ändert sich y im Durchschnitt annähernd um das 18-fache dieses Betrages.

M 3-19 Welche Aussagen über folgende KQ-Regressionsfunktion sind falsch? $\hat{y} = a + b \cdot x$ [je 1,5 Min.]

a) Die Regressionsfunktion gibt den eindeutigen Zusammenhang zwischen Y und X an.

b) Die Regressionsfunktion gibt an, welchen durchschnittlichen Wert y zu vorgegebenem Wert x annimmt.

c) a = 0 bedeutet: Es gibt keinen Zusammenhang zwischen X und Y.

d) b = 1 bedeutet: Alle Beobachtungswerte liegen auf der Geraden $\hat{y} = a + b \cdot x$.

Ü 3-20 Für sechs verschiedene Monate liegen die Daten über den Hypothekenzinssatz X sowie über den saisonbereinigten Auftragseingang Y eines Bauunternehmers vor.

Monat i	x_i (%)	y_i (Mio)			
1	6	32			
2	5	35			
3	7	28			
4	7	30			
5	8	26			
6	9	23			

a) Bestimmen Sie die Regressionskoeffizienten a und b und die vorhergesagten Werte. [6 Min.]

b) Zeichnen Sie die x, y und ŷ Werte in ein Koordinatensystem ein. [4 Min.]

Ü 3-21 Gegeben sind die folgenden Beobachtungspaare zweier metrisch messbarer Merkmale X und Y: (4;7), (1;5), (2;5), (2;6), (3;6), (5;4), (5;8), (6;8), (6;9), (8;8).

a) Zeichnen Sie ein Streuungsdiagramm und bestimmen Sie eine lineare Regressionsfunktion $\hat{y} = a + b \cdot x$. [7 Min.]

b) Bestimmen Sie den Korrelationskoeffizienten. [7 Min.]

Ü 3-22 Gegeben seien vier Beobachtungswerte der gemeinsam auftretenden Merkmale X und Y.

x	1	2	4	5
y	4	3	5	8

a) Berechnen Sie die Kovarianz. [2 Min.]

b) Berechnen Sie den Korrelationskoeffizienten nach Bravais-Pearson. [3 Min.]

M 3-23 Aus einer großen Anzahl Wertepaaren der Merkmale X und Y wurde ein Korrelationskoeffizienten nach Bravais-Pearson von r = - 0,96 berechnet. Welche der folgenden Aussagen sind dann richtig? [je 1,5 Min.]

a) Die Beobachtungswerte streuen eng um eine fallende Gerade.

b) Es gibt keinen Zusammenhang, da r < 0.

c) Die Werte von X und Y sind annähernd umgekehrt proportional zueinander.

d) Wird für die Wertepaare eine Regressionsgerade $\hat{y} = a + b \cdot x$ nach dem Kriterium der kleinsten Quadrate errechnet, ergibt sich für b ein negativer Wert.

M 3-24 Bei einer Messung von metrischen Wertepaaren ist ein Korrelationskoeffizient von 0,02 festgestellt worden. Welche der Schlussfolgerungen sind dann richtig? [je 1,5 Min.]

a) Es besteht eine eindeutige lineare Abhängigkeit.

b) Die Paare der Beobachtungswerte streuen eng um eine fallende Gerade.

c) Die Paare der Beobachtungswerte streuen eng um eine steigende Gerade.

d) Es gibt keine Gerade, um die die Paare der Beobachtungswerte eng streuen.

M 3-25 Aus 64 Wertepaaren der Merkmale X und Y wurde ein Korrelationskoeffizient (nach Pearson) von r = 0,95 berechnet. Welche der folgenden Aussagen treffen dann zu? [je 1,5 Min.]

a) Der Zusammenhang zwischen den Variablen ist beinahe linear.

b) Die beiden Merkmale sind ungefähr identisch.

c) Eine Halbierung der einen Variablen führt annähernd zu einer Halbierung der anderen Variablen.

d) Da r ≠ 1 gilt, ist kein Zusammenhang gegeben.

M 3-26 Für die metrisch messbaren Merkmale X und Y wurde ein Korrelationskoeffizient von r = 0,98 berechnet. Welche der folgenden Schlussfolgerungen können erhoben werden? [je 1,5 Min.]

a) X und Y sind annähernd proportional zueinander.

b) Der Zusammenhang zwischen X und Y kann gut durch eine steigende Gerade beschrieben werden.

c) Wenn X um 1 zunimmt, nimmt Y durchschnittlich um 0,98 zu.

d) Die Beobachtungswerte streuen eng um eine steigende Gerade.

e) Da r ≠ 1 ist, liegt ein Zusammenhang nicht vor.

M 3-27 Für zwei metrisch messbare Merkmale X und Y wurde eine lineare KQ-Regressionsfunktion $\hat{y} = a + b \cdot x$ und der Korrelationskoeffizient r berechnet. Welche Aussagen sind richtig? [je 1,5 Min.]

a) Wenn b < 0 ist, ist r > 0.

b) Wenn b < 0 ist, ist r < 0.

c) Das Vorzeichen von b beeinflusst das Vorzeichen von r nicht.

d) Aus b = 1 folgt, dass alle Werte auf einer steigenden Geraden liegen.

e) Aus r = 1 folgt, dass alle Werte auf einer steigenden Geraden liegen.

Ü 3-28 Der Assistent der Geschäftsleitung eines Restaurants erhält den Auftrag, festzustellen, ob die Anzahl der Kunden von der Tageszeit abhängig ist. Die Geschäftsleitung erhofft sich dadurch, das Personal effektiver einsetzen zu können. Der Assistent zählt folgende Besucherzahlen:

Tageszeit T (h)	9	11	13	15	17	19
Besucher / 2 Std.	1100	3223	5635	6190	3512	1220

Aus diesen Daten errechnet er den Korrelationskoeffizient nach Bravais-Pearson berechnen in Höhe von r = 0,05. Der Assistent informiert daraufhin die Geschäftsleitung, dass es keinerlei Zusammenhang zwischen der Tageszeit und der Anzahl der Kunden ergibt. Die Geschäftsleitung zeigt sich überrascht. Welchen grundlegenden Fehler hat der Assistent gemacht? [4 Min.]

Lernschritt H – Multiple Regression und Rangkorrelation

Fallbeispiel | *StudierBar*

Beate und Adam sind begeistert von der Regressionsanalysen und sehen viele Anwendungsmöglichkeiten. Chris ist skeptisch, das ist ihr zu einfach, zu eindimensional. Sie sagt: Die Wirklichkeit ist fast nie linear und eindimensional. In der Regel gibt es mehrere Einflussfaktoren, die auf eine Zielgröße wirken – und dann meist auch nicht gradlinig.

Erst neulich haben wir uns mit 10 Betreibern von Studi-Kneipen getroffen und überlegt, wie wir den Kaffee-Absatz steigern können. Aber die Regressionen für alle drei Einflussfaktoren waren nicht wirklich überzeugend, vor allem ist nicht zu erkennen, welches der wichtigste Einflussfaktor ist.

3.2.3 Erweiterte Regressions-Modelle
Advanced Regression Analysis

1. Ansatz: Lineare Mehrfachregression

Auch die Benutzung des Regressionsmodells für den Zusammenhang zwischen einer erklärten und mehreren erklärenden Merkmalen sind in der Praxis sehr gebräuchlich. Abbildung 9 zeigte ein Beispiel für einen Zusammenhang zwischen einem abhängigen Merkmal, der Absatzmenge eines Produktes und drei Einflussfaktoren, die Verkaufsfläche, die Werbeausgaben und der Preis.

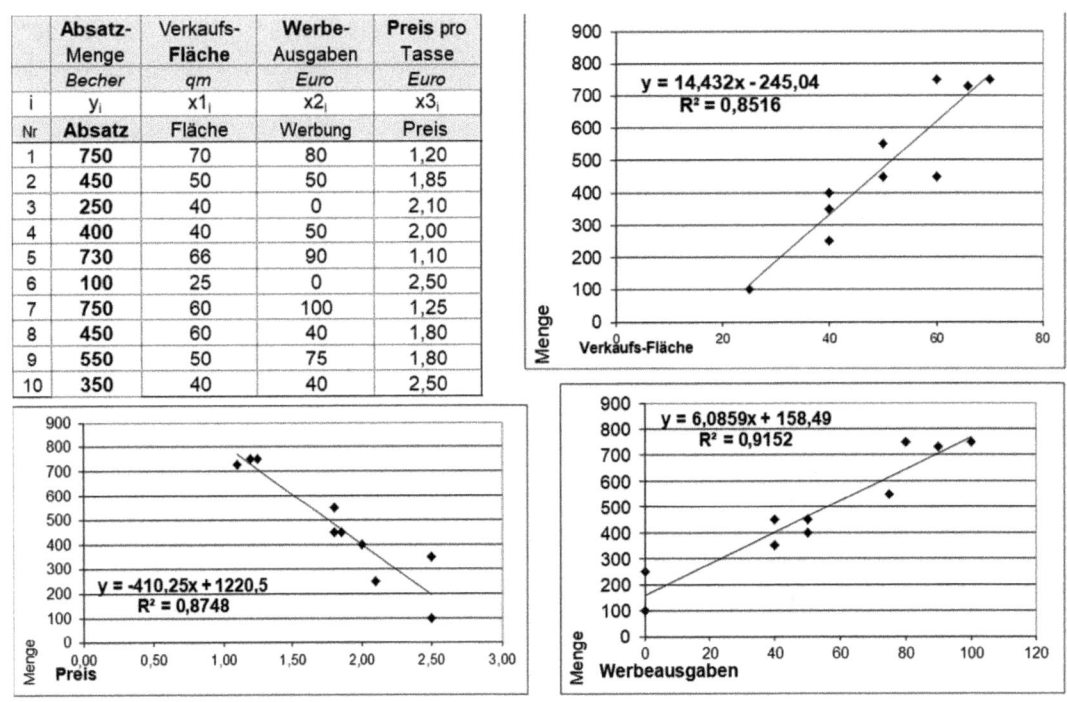

	Absatz-Menge	Verkaufs-Fläche	Werbe-Ausgaben	Preis pro Tasse
	Becher	qm	Euro	Euro
i	y_i	$x1_i$	$x2_i$	$x3_i$
Nr	Absatz	Fläche	Werbung	Preis
1	750	70	80	1,20
2	450	50	50	1,85
3	250	40	0	2,10
4	400	40	50	2,00
5	730	66	90	1,10
6	100	25	0	2,50
7	750	60	100	1,25
8	450	60	40	1,80
9	550	50	75	1,80
10	350	40	40	2,50

Abbildung 9: Regressionsanalyse mit multiplen Einflussfaktoren – Kaffee-Absatz in Uni-Bars

In Abbildung 9 sind zunächst die Ursprungsdaten und die drei einzelnen Regressionen dargestellt. Anhand der Gütemaße ist zu erkennen, dass die Werbeausgaben (mit einem R^2 von 91,5 %) den höchsten Erklärungsgrad aufweist, die Verkaufsfläche (R^2 = 85,2 %) den zweithöchsten und auch der Preis (R^2 = 87,5 %) einen messbaren Einfluss auf die Absatzmenge haben.

Die inhaltliche Aussage kann der Steigung der Regressionsgeraden bzw. dem Vorzeichen von b entnommen werden: Während die Verkaufsfläche, ebenso wie die Werbeausgaben, positiv auf die Absatzmenge wirken, hat der Preis einen negativen Einfluss. Das heißt: je größer die Verkaufsfläche einer Filiale und je höher die dortigen Werbeausgaben, desto höher der Absatz. Je höher jedoch der Preis des Produktes, desto weniger Einheiten werden abgesetzt.

Dies kann auch in einer einzigen, *multiplen* Regression errechnet werden. Die Bestimmungsgleichung für den Absatz Y lautet dann:

$$\hat{y} = b_0 + b_1 x_1 + b_2 x_2 + \cdots + b_k x_k \qquad (8\text{-}47)$$

hier: Absatz = a + $b_1 \cdot$ Fläche + $b_2 \cdot$ Werbung + $b_3 \cdot$ Preis

Die Durchführung der multiplen Regression in Excel (nach Aktivierung des Add-Ins „Analyse-Funktionen) steht im Menüband „Daten" ein Menüpunkt „Datenanalyse" zur Verfügung, der auch Regressionen enthält) ergibt das folgende Ergebnis[8]:

Absatz = ☐ + ☐ · Fläche + ☐ · Werbung – ☐ · Preis

Damit wird in *einer* Gleichung das oben dargestellte Ergebnis beschrieben. Eine Erhöhung der Verkaufsfläche erhöht den Absatz um das ☐-fache, also z.B. 10 qm mehr Verkaufsfläche bringen im Durchschnitt ☐ Stück mehr Umsatz. Die Erhöhung der Werbeausgaben

---

[8] Regressions-Output bitte selbst erzeugen – alternativ in Abschnitt 8.4.4 nachsehen.

um 10 Euro erhöht den Absatz um ⬚ Stück und eine Senkung des Preises um 1 Euro würde zu einer Erhöhung des Absatzes um ca. ⬚ Stück führen. Damit ist auch eine Rangfolge
geeigneter Maßnahmen zur Absatzerhöhung erkennbar, die Preissenkung hat in diesem
Beispiel die stärkste Wirkung.

Auch für multiple Regressionen wird das Gütemaß R^2 ermittelt (wir nehmen das *korrigierte R^2*): Vergleichen Sie das in Excel ermittelte mit denen der Einzelregressionen: Was fällt
auf?

Die interessante Frage bleibt, wie wichtig die einzelnen Einflussfaktoren sind – also z.B. ob
oben der Preis, die Verkaufsfläche oder die Werbung den größten Einfluss auf den Absatz
hat. Auch diese kann mit multipler Regressionsanalyse beantwortet werden, mit Hilfe statistischer Tests. Diese werden im 8. Kapitel besprochen und in Abschnitt 8.4.4 kommen
wir auf diese Frage zurück.

2. Ansatz: Modellierung nichtlinearer Funktionsverläufe

Statt des linearen Zusammenhanges können auch *nichtlineare* Funktionen angenommen
werden, indem die Variablen nichtlinear transformiert (umgeformt) werden, z.B. Potenz-
funktion $(\hat{y} = a \cdot x^b)$, Exponentialfunktion $(\hat{y} = a \cdot b^x)$ oder logistische Funktion
$\hat{y} = a + b \cdot \ln(x)$.

Häufig werden auch Polynome verwendet, in die die erklärenden Variablen nicht nur mit
ihren einfachen Werten, sondern auch quadriert und mit höheren Potenzen eingehen; z.B.
hat das Alter von Befragungspersonen häufiger einen solchen Einfluss. Das folgende
Beispiel zeigt die Möglichkeit verschiedener Spezifikationen nichtlinearer Regressionsfunktion mit dem Modell der Kleinsten Quadrate (erstellt mit der Excel-Funktion „Trendlinie einfügen" in einem Punkt-Diagramm).

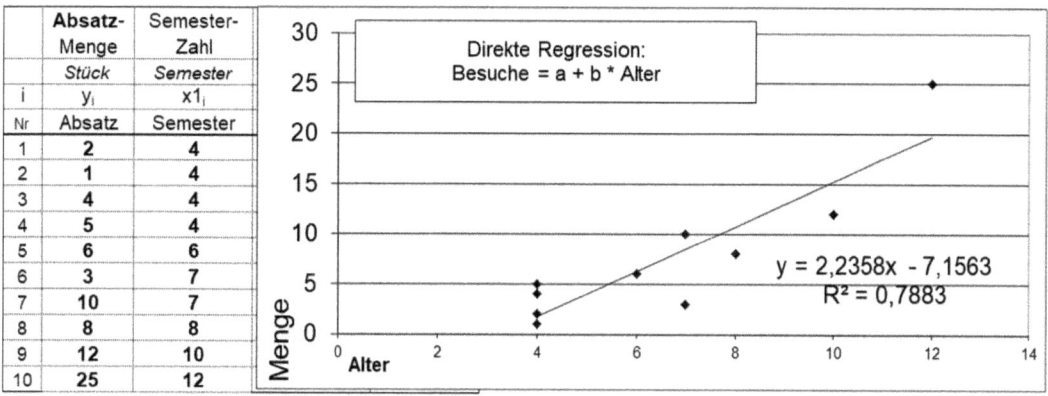

i	Absatz-Menge Stück y_i Absatz	Semester-Zahl Semester $x1_i$ Semester
Nr		
1	2	4
2	1	4
3	4	4
4	5	4
5	6	6
6	3	7
7	10	7
8	8	8
9	12	10
10	25	12

Die "direkte Regression" zeigt, dass die Anzahl der Besuche vom positiv vom Semester abhängt: Je höher das Semester, desto häufiger kommt jemand durchschnittlich auf einen Kaffee rein.
Der nebenstehende Versuch, statt der Semesterzahl selbst, dessen quadrierte Werte als Regressoren zu verwenden, zeigt schon eine bessere Anpassung.
Nichtlineare Funktionen sind in Excel leicht zu erzeugen, indem der Typ der Trendlinie verändert wird. Während der logarithmische und der Potenz-Funktion-Ansatz nicht überzeugen, zeigen die Polynome höheren Grades sehr gute Anpassung.

Nichlineare Regressionen:

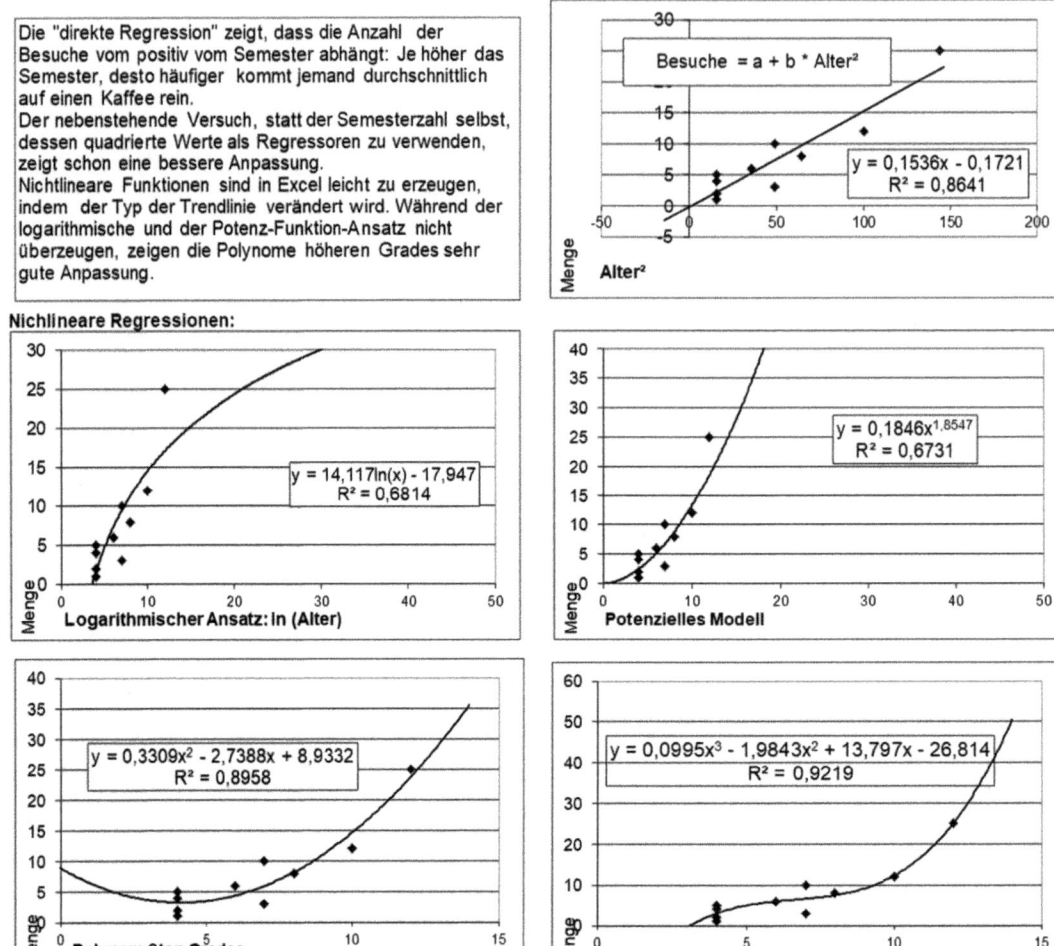

Abbildung 10: Nichtlineare Regression: wöchentliche Besuche in der *StudierBar* nach Semesterzahl

Mit multiplen Regression ist es möglich, die zu erwarteten Werte der abhängigen Variablen Y durch die Werte mehrerer unabhängigen Variablen Xi zu schätzen. Im vorliegenden Fall konnte ermittelt werden, dass zwar die Werbeausgaben den größten statistischen Einfluss auf den Absatz haben, der Preise aber den höchsten Wirkungsgrad.

Auch nicht-lineare Zusammenhänge können mit (multiplen) Regressionen dargestellt werden.

3.3 Vorlieben: Rangkorrelationen für ordinal skalierte Merkmale
Rank Correlation for Ordinal Variables (Spearman's ρ)

Fallbeispiel | *StudierBar*

Haben Männer und Frauen eigentlich die gleichen Vorlieben bei Torten? „Klar!", meint Beate, im Wesentlichen nehmen die das Gleiche. „Absolut nicht!" ist sich Chris sicher, „... die Vorlieben sind ziemlich verschieden".

Sie befragen jeweils einen Mann bzw. eine Frau nach deren Vorlieben für die acht Tortensorten. Allerdings hat die eine einfach nur eine Rangfolge angegeben, wogegen der andere Punkte von 0 bis 100 vergeben hat.

Der Zusammenhang zwischen zwei ordinal skalierten Merkmalen wird gemessen mit dem Rangkorrelationskoeffizient nach Spearman: r_s.

Dazu müssen allerdings *beide* Merkmale ordinal skaliert sein. Metrische Merkmale müssen zunächst „umskaliert" werden, d.h. das metrische Merkmal in eine Rangfolge umgewandelt werden. Dabei ist zu beachten, dass die Summe der Ränge gleich sein muss, was ja normalerweise so ist und erst wichtig wird, wenn mehrere Beobachtungen den gleichen Rangplatz teilen. Es werden dann Distanzen zwischen den x- und y-Rängen [als $d_i = x_i - y_i$] gebildet und die folgende Formel angewendet.

$$r_s = 1 - \frac{6 \sum d_i^2}{n(n^2-1)} \qquad [\text{mit: } d_i = x_i - y_i] \qquad (3\text{-}16)$$

Tortenvorlieben

Torte	X_i Mary (Rang)	X_i Paul (Punkte)	Y_i Rangziffer der Punkte	d_i	d_i^2
Sahne	1	50			
vegan	2	0			
Nuss	3	30			
Schoko	4	30			
Erdbeere	5	60			
Käse	6	40			
Marzipan	7	100			
Lakritz	8	80			
Summe	36				

(Wie) kann der Zusammenhang zwischen Rangfolge und Punkten ermittelt werden? (Haben Frauen und Männer unterschiedliche Tortenpräferenzen??)

Welche Werte kann r_s annehmen?

Interpretieren Sie das Ergebnis auf dieser Basis.

Mithilfe des Rangkorrelationskoeffizienten können Zusammenhänge zwischen ordinal skalierten Merkmalen gemessen werden. Die Tortenvorlieben nach Geschlecht sind recht unterschiedlich.

Aufgaben

Ü 3-29 In der Formel Drei gingen in der letzten Saison 12 Teams an den Start. Für die Fahrerweltmeisterschaft bezahlen die Teamchefs bekanntermaßen unterschiedlich. Die folgende Übersicht zeigt den Tabellenstand nach dem letzten Rennen und Höhe der vorher vereinbarten Prämie.

Team	S	H	A	B	F	W	V	T	P	H	F	J
Platz	1	2	3	4	5	6	7	8	9	10	11	12
Prämie pro Fahrer in 10.000 €	10	180	150	200	120	50	100	80	60	40	30	20

Berechnen Sie ein geeignetes Zusammenhangmaß. [3 Min.]

Ü 3-30 Bei einem Eislaufwettbewerb haben 6 Eisläufer die folgenden Bewertungen erhalten:

Läufer Nr.	1	2	3	4	5	6
Kür	8,3	7,6	8,1	8,1	8,0	8,5
Pflicht	8,1	7,8	8,0	7,9	7,7	8,4

Berechnen Sie den Rangkorrelationskoeffizienten rs. [3 Min.]

M 3-31 Zwei Professoren beurteilen die Bachelortheses von Studierenden durch Punkte. Für die sich ergebenden Punktskalen wird ein SPEARMANscher Rangkorrelationskoeffizient von -0,75 berechnet. Welche Aussagen treffen dann zu? [je 1,5 Min.]

a) Ein Professor beurteilt die Arbeiten knapp 80 % schlechter als der andere.

b) Die meisten Studierenden, die bei einem Professor eine hohe Punktzahl haben, haben bei dem anderen Professor eine niedrige Punktbewertung.

c) Hinsichtlich der Leistungsreihenfolge haben die beiden Professoren annähernd entgegengesetzte Vorstellungen von den Ergebnissen der Bachelortheses.

d) Keine der Aussagen ist richtig, da der SPEARMANsche Rangkorrelationskoeffizient keine negativen Werte annehmen kann.

Ü 3-32 Ein Bundesliga-Trainer möchte feststellen, ob ein Zusammenhang zwischen Trainingsbeginn und dem Tabellenplatz am Ende der Saison besteht.

Team	A	B	C	D	E
Trainingsbeginn	28.04.	29.04.	01.05.	02.05.	03.05.
Tabellenplatz	4	1	3	5	2

Berechnen Sie den SPEARMANschen Rangkorrelationskoeffizienten. [3 Min.]

Ü 3-33 Bei den Olympischen Spielen wird bei einem 5000 m-Lauf folgende Beobachtung gemacht:

Athlet	A	B	C	D	E	F	G	H	I	J
Körpergröße	180	170	174	190	165	182	178	169	184	189
Platz	3	7	8	2	10	5	6	9	1	4

Berechnen Sie ein geeignetes Zusammenhangmaß. [3 Min.]

Ü 3-34 Martina S. erhält bei einem Modellbauwettbewerb folgende Bewertungen:

Punktrichter	1	2	3	4	5	6
A-Note	5,7	5,2	5,3	4,8	5,0	5,1
B-Note	5,0	5,5	5,3	5,9	5,8	5,7

a) Bestimmen Sie den Rangkorrelationskoeffizienten. [3 Min.]

b) Kann der Rangkorrelationskoeffizient hier auch ohne Berechnung bestimmt werden? [1 Min.]

Lernschritt I – Kontingenzanalyse

Fallbeispiel | StudierBar

Haben Männer und Frauen eigentlich die gleichen Vorlieben bei Kaffee – Latte Macchiato oder Espresso? „Klar ...", meint Chris, „... im Wesentlichen nehmen die das Gleiche!" „Absolut nicht ...", ist sich Adam sicher, „... die Vorlieben sind ziemlich verschieden". Sie befragen 150 Studis, ob sie lieber Latte Macchiato als Espresso trinken.

3.4 Alles Latte? Kontingenzanalyse bei nominal skalierten Variablen
Contingency Measures (Association of nominal Variables)

Die Auszählung Ihrer Befragung „Trinkst du lieber Latte Macchiato als Espresso?" ergibt die folgenden Häufigkeiten. Ermitteln Sie die Randsummen (Kapitel 3.1):

„Latte first"	Männer	Frauen	Spalten-Summe	
Ja	20 (%)	60 (%)		
Nein	25 (%)	45 (%)		
Zeilensumme:			= n	

Liegt hier ein Zusammenhang vor? Warum? Wie können wir diesen messen?

Da beide Merkmale nominal skaliert sind, kommt als Zusammenhangmaß hier nur der Kontingenzkoeffizient C in Frage. Dieser unterscheidet sich von den bisherigen Maßen dadurch, dass nominale Merkmale keine Information über Richtung (Vorzeichen), Abstand oder Verhältnisse beinhalten. Das einzige was wir betrachtet werden kann sind Häufigkeiten. Aber gehen wir *schrittweise* vor:

Zunächst wird verglichen, welche Häufigkeiten in den (hier vier) inneren Zellen **zu erwarten wären**, wenn die Merkmale völlig **unabhängig voneinander wären**. Dann würden sich diese erwarteten Häufigkeiten h_e rein aus den Randhäufigkeiten ergeben:

1. Schritt: Erwartete Häufigkeiten: $\quad h_e = \dfrac{h(x_j) \cdot h(y_k)}{n}$ (3-17)

Ermitteln Sie die (vier) h_e-Werte:

	y_1	y_2	$h(x_j)$	$f(x_j)$ %
x_1	h : 20 h_e :	h : 60 h_e :		
x_2	h : 25 h_e :	h : 45 h_e :		
$h(y_k)$				
$f(y_k)$ %				

Ändern sich die Randsummen dadurch?

Nun können wir den χ^2-Wert (sprich: Chi-Quadrat) ermitteln, indem wir für jede Zelle den erwarteten vom beobachteten Wert abziehen und diese Differenz durch den erwarteten Wert teilen. Das Ergebnis wird für alle Zellen der Tabelle ermittelt (hier vier) und addiert, was alles in der folgenden Formel ausgedrückt wird:

2. Schritt $\quad \chi^2 = \sum_{j=1}^{m} \sum_{k=1}^{q} \dfrac{\left(h(x_j;y_k) - h_e(x_j;y_k)\right)^2}{h_e(x_j;y_k)}$ (3-18)

Am übersichtlichsten ist χ^2 in einer Arbeitstabelle zu errechnen:

j (Zeile)	k (Spalte)	h	he	h - he	$(h - he)^2$	$(h - he)^2/$ he
1	1					
1	2					
2	1					
2	2					

3. Schritt: Nun können wir den **Kontingenzkoeffizienten** errechnen:

Wir unterscheiden den einfachen: $C = \sqrt{\dfrac{\chi^2}{\chi^2+n}}$ (3-19)

und den korrigierten: $C_{korr} = C \cdot \sqrt{\dfrac{K^*}{K^*-1}} = \sqrt{\dfrac{\chi^2}{\chi^2+n} \cdot \dfrac{K^*}{K^*-1}}$ (3-20)

   mit: $K^* = Min(m;q)$[9]

Ermitteln Sie beide Maße.

C_{korr} (und nur der *korrigierte* Kontingenzkoeffizient) liegt zwischen 0 und 1. „0" stände dabei für „keinen Zusammenhang" (also Unabhängigkeit der Merkmale voneinander) und „1" für einen vollständigen Zusammenhang.

Ist das Ergebnis (C_{korr}) so, wie Sie es auf Basis der Zahlen erwartet hätten?

Diskutieren Sie mögliche Gründe hierfür.

Wir haben festgestellt, dass die Möglichkeit der Ermittlung aussagekräftiger Zusammenhangmaße von der Skalierung der Merkmale abhängt. Je mehr Information die Variable beinhaltet, desto genauer kann ein Zusammenhang untersucht werden. Dies gilt für metrische Merkmale, für die sowohl der Zusammenhang selbst als auch eine kausale Beziehung betrachtet werden kann. Bei nominalskalierten Merkmalen kann das entsprechende Maß nur mit recht viel Aufwand ermittelt werden, hat aber wenig Aussagegehalt.

---

[9] Die kleinere Zahl aus „Anzahl der Zeilen" und „Anzahl der Spalten". Hier ist beides 2, also ist auch $K^*=2$.

Füllen Sie die folgende Tabelle für eine Übersicht über die Zusammenhangmaße.

Überblick Zusammenhangmaße

Zusammenhangmaß	für Skalen:	Wertebereich	Beispiele
r Korrelationskoeffizient nach Bravais-Pearson			
r_s Korrelationskoeffizient nach Spearman			
C_{korr} korrigierter Kontingenzkoeffizient			

Achtung, es „zählt" immer die „tiefere" Skala. Eine höhere Skala muss ggf. umskaliert werden (z.B. Punkte in Rangplätze, Einkommen in Kategorien, ...)

Bei der Messung von Zusammenhängen spielt wieder die Skala der zu vergleichenden Variablen eine große Rolle. Generell können wir sagen, dass je „höherwertiger" die Skala (metrische Daten enthalten die meiste Information) desto mehr über die Zusammenhänge ausgesagt werden kann.

Zusammenhänge zwischen nominal skalierten Merkmalen sind aufwendig zu berechnen und haben trotzdem wenig Aussage. In unserem Beispiel ist zwar auf den ersten Blick zu erkennen, dass die Vorlieben zwischen Frauen und Männern unterschiedlich sind, der korrigierte Kontingenzkoeffizient zeigt jedoch nur einen geringen Zusammenhang an.

Fazit: Bei der Entwicklung einer Befragung, z.B. eines Fragebogens sollten wir so viele metrische Daten wir möglich erheben.

Aufgaben

Ü 3-35 200 Personen wurden nach ihrem Berufsstand und dem ihres Vaters gefragt:

Sohn ↓ Vater→	Arbeiter	Angestellter	Beamter	Selbständiger
Arbeiter	40	10	0	0
Angestellter	40	25	5	10
Beamter	10	25	25	0
Selbständiger	0	0	0	10

Berechnen sie χ^2. [4 Min.]

Berechnen Sie den Kontingenzkoeffizienten und den korrigierten Kontingenzkoeffizienten. [4 Min.]

Ü 3-36 50 Personen wurden befragt, ob sie verheiratet sind und ob sie Kinder haben.

	Kinder	keine Kinder
verheiratet	36	4
ledig	4	6

Berechnen Sie a) den Kontingenzkoeffizienten [3 Min.]   b) den korrigierten Kontingenzkoeffizienten. [2 Min.]

Ü 3-37 200 Personen wurden nach Ihrem Geschlecht und ob danach befragt, ob sie aktiv Sport in einem Verein treiben.

	treiben Sport	treiben keinen Sport
m	144	16
w	16	24

Berechnen Sie a) den Kontingenzkoeffizienten [3 Min.] b) den korrigierten Kontingenzkoeffizienten. [2 Min.]

Ü 3-38 Die Stiftung „TEST it" veröffentlichte eine Untersuchung über die Fahrzeiten bei der Deutschen Bahn und FixBus für vergleichbar Fahrstrecken. Es ergab sich folgende Tabelle, aus der die unterschiedlichen Fahrzeiten von 3000 gemessenen Fahrten ersichtlich sind.

Fahrzeit T	bis 1 Stunde	1-2 Stunden	2-3 Stunden	über 3 Stunden
Bus	600	600	250	50
Bahn	1000	400	96	4

Berechnen Sie a) χ^2 [4 Min.]   b) den korrigierten Kontingenzkoeffizienten [2 Min.]

W 3-39 Was kann geschlossen werden, wenn [je 1,5 Min.]

a) für den Korrelationskoeffizienten gilt r = -1

b) für das Bestimmtheitsmaß gilt R^2 = 1?

W 3-40 Bei einer Geschmacksprüfung eines neuen Produktes vergibt ein Proband H. für die verschiedenen Varianten folgende Geschmacksstufen:

Variante	A	B	C	D	E	F
Proband H.	4	2	1	3	5	6

Der Proband S. hatte die Produkte ebenfalls einer geschmacklichen Prüfung unterzogen und es ergab sich ein Rangkorrelationskoeffizient von r_s = -1. Wie lautet die Rangfolge der Geschmacksbewertung von S.? [2 Min.]

W 3-41 Geben Sie geeignete Zusammenhangmaße für folgende Merkmalspaare an: [je 1,5 Min.]

a) Studienfach und Anfangsgehalt bei Absolventen einer Hochschule.

b) Einstellungsalter und Anfangsgehalt bei Absolventen einer Hochschule.

c) Verdienst in EUR und ausgeübter Beruf.

d) Studienfach und Geschlecht.

W 3-42 Sie sind als AssistenIn der Geschäftsführung der ABC & Co KG beschäftigt. Da Sie für Ihre gute Statistik-Ausbildung bekannt sind, kommen die KollegInnen oft zu Ihnen und fragen, welche statistischen Maße für die jeweilige Fragestellung geeignet sind (geeignete Maße und Begründung): [je 1,5 Min.]

a) Messung des Zusammenhangs zwischen Werbeausgaben und Marktposition

b) Vergleich der Streuung der Umsätze in Deutschland, den USA und im Senegal

c) Mittlere Verzinsung eines Wertpapiers

d) Zusammenhang zwischen Berufsstatus (Angest., Arbeiter, Beamter) und Einkommen

e) Prognose von Umsatzzahlen für Filialen verschiedener Größe und Werbeetats

f) Durchschnittsumsatz, wenn Umsatzklassen und Anzahl der dortigen Kunden bekannt sind.

Lernschritt J – Zeitreihenanalyse

Fallbeispiel | *StudierBar*

Beate betrachtet die Tee-Umsätze der letzten 5 Halbjahre (Verbrauch von kg-Paketen).

Halbjahr:	1/21	2/21	1/22	2/22	1/22
Umsatz:	10	25	14	30	27

Sie möchte gerne die zukünftige Umsatzentwicklung prognostizieren.

Gerne würde sie dabei neben den auf und ab schwankenden Daten der Zeitreihe auch einen allgemeinen Trend errechnen können. Wie können die Schwankungen in Zeitreihen „geglättet" werden?

4 As Time goes by: Zeitreihenanalyse
Time Series Analysis (TSA)

4.1 Quer- und Längsschnittdaten

In diesem – und im folgenden – Kapitel werden Zeitreihendaten betrachtet. Diese werden auch als Längsschnittdaten bezeichnet.

Querschnittdaten	
Längsschnittdaten	

Bestandsdaten	
Bewegungsdaten	

4.2 Komponenten einer Zeitreihe
Components of a Time Series

Zeitreihendaten unterscheiden sich in einem wesentlichen Punkt von den bisher betrachteten Querschnittsdaten: Sie beziehen sich explizit auf unterschiedliche Zeitpunkte / eine zeitliche Abfolge von Werten. Es wird untersucht, ob die aufeinander folgenden Beobachtungen einer bestimmten Systematik, einer zeitlichen Entwicklung, folgen. Diese Systematik zu finden ist das erste Ziel der Zeitreihenanalyse:

[1] Ermitteln und Beschreiben von Regelmäßigkeiten der zeitlichen Entwicklung der beobachteten Größen. Insbesondere das Auffinden wiederkehrender Zyklen wie z.B. Saison-Einflüsse spielt eine wichtige Rolle.

Darüber hinaus (und auf Basis dieser unterstellten Regelmäßigkeiten) sollen Vorhersagen für die (mögliche) zukünftige Entwicklung der untersuchten Merkmale getroffen werden.

[2] **Prognosen der zukünftigen Entwicklung** der beobachteten Größen. Auch hierbei sind die „Saison-Einflüsse" zu beachten und in die Vorhersage mit einzubeziehen.

Zur systematischen Beschreibung von Zeitreihen „zerlegen" wir diese in einzelne Komponenten:

$$Y_t = \quad TK \quad + \quad KK \quad + \quad SK \quad + \quad RK \quad (4\text{-}1)$$
$$= \text{Trend-Komp.} + \text{Konjunktur-Komp.} + \text{Saison-Komp.} + \text{Rest-Komp.}$$

TK + KK = GK („Glatte Komponente"), (da die KK oft empirisch nicht genau zu identifizieren bzw. von TK zu unterscheiden ist.)

Zusatzfrage: Welche Interpretation hat die RK (auch „irreguläre Komponente" (IK) genannt) ?

Am besten gehen wir *schrittweise* vor:

1. Schritt: Glättung der (schwankenden) Zeitreihe.
⇒ Möglichkeit, Tendenzen (= Trends) und Abweichungen davon zu identifizieren.

Dazu gibt es zwei Methoden:

▪ gleitende Durchschnitte (→ Abschnitt 4.3)

▪ lineare Trendfunktion (→ Abschnitt 4.4)

(später dann im 2. Schritt werden die saisonalen Abweichungen vom ermittelten Trend betrachtet → Abschnitt 4.5)

Beispiel für eine Zeitreihe: Entwicklung des Elektrizitätsabsatzes eines Kraftwerks:

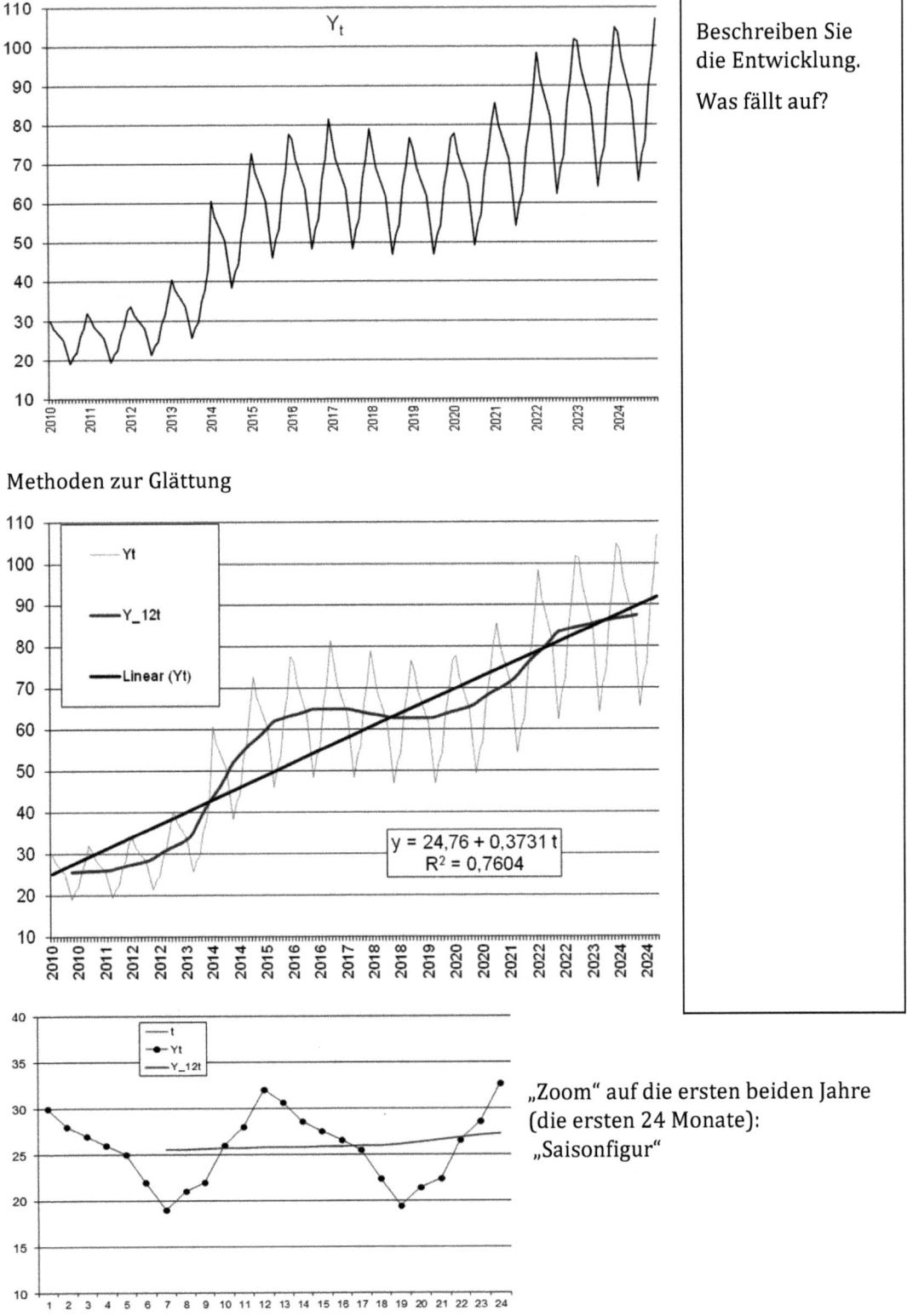

Methoden zur Glättung

Beschreiben Sie die Entwicklung.

Was fällt auf?

$$y = 24{,}76 + 0{,}3731\,t$$
$$R^2 = 0{,}7604$$

„Zoom" auf die ersten beiden Jahre (die ersten 24 Monate): „Saisonfigur"

Abbildung 11: Zeitreihe: Entwicklung des Elektrizitätsabsatzes eines Kraftwerks

4.3 Glättung durch Gleitende Durchschnitte
Smoothing with Moving Averages (MA)

Die Idee des „Gleitenden Durchschnitts" (GD) ergibt sich aus seiner Bezeichnung. Für jede Zeitperiode wird ein Durchschnitt aus dem aktuellen Wert y_t und angrenzenden Werten ermittelt. k bezeichnet dabei die „Ordnung" des gleitenden Durchschnitts, z.B. bezeichnet $\bar{y}_{kt}$ den gleitenden Durchschnitt k-ter Ordnung für die Periode t:

$\bar{y}_{3t}$ = GD 3. Ordnung, d.h. der Durchschnitt wird aus 3 Werten gebildet.

$\bar{y}_{4t}$ = GD 4. Ordnung, d.h. der Durchschnitt wird aus 4 Werten gebildet.

Die Formeln für Gleitende Durchschnitte sind etwas „gewöhnungsbedürftig", erfahrungsgemäß macht die Ermittlung aber wenig Probleme, also gehen Sie diese am besten direkt an (nächste Seite).

Zentrierter Gleitender Durchschnitt *(vgl. Abschnitt 4.3.1)*

a) Gleitende Durchschnitte ungerader Ordnung

$$\bar{y}_{kt} = \frac{1}{k}\left(y_{t-\frac{k-1}{2}} + y_{t-\frac{k-3}{2}} + \cdots + y_t + \cdots + y_{t+\frac{k-3}{2}} + y_{t+\frac{k-1}{2}}\right) = \frac{1}{k}\sum_{i=t-\frac{k-1}{2}}^{t+\frac{k-1}{2}} y_i$$

für $t = \frac{k+1}{2},...,T - \frac{k-1}{2}$ \hfill (4-2 u)

b) Gleitende Durchschnitte gerader Ordnung

$$\bar{y}_{kt} = \frac{1}{k}\left(\frac{1}{2}y_{t-\frac{k}{2}} + \sum_{i=t-\frac{k}{2}+1}^{t+\frac{k}{2}-1} y_i + \frac{1}{2}y_{t+\frac{k}{2}}\right) \text{ für } t = \frac{k}{2}+1,...,T-\frac{k}{2}$$ \hfill (4-2 g)

Endwertige Gleitende Durchschnitte (gerader und ungerader Ordnung) (vgl. 4.3.2)

$$\bar{y}_{kt} = \frac{1}{k}\left(y_{T-(k-1)} + \cdots + y_{T-2} + y_{T-1} + y_T\right)$$ \hfill (4-3)

Die „zentrierte" Ermittlung des gleitenden Durchschnitts (Abschnitt 4.3.1) wird typischerweise unterrichtet und findet sich in den meisten Statistikbüchern. Sie ist allerdings in der Praxis weniger üblich. Daher wird im Abschnitt 4.3.2 ein „endwertiger" Gleitender Durchschnitt vorgestellt. Dieser ist sowohl in der Praxis (Börsencharts, 100-Tage-Durchschnitt ...) üblicher als auch in Excel mittels „Einfügen Trendlinie" implementiert.

In beiden Fällen entsteht ein Informationsverlust am Rand, weil aufgrund der Durchschnittsbildung nicht alle Zeitpunkte betrachtet werden können. Beobachten wir, wie sich dieser zwischen den beiden Typen des GD unterscheidet.

4.3.1 Zentrierter Gleitender Durchschnitt

Hinweis: Zentrierte Durchschnitte sind „statistisch korrekter", daher in Statistik-Büchern.

Aufgabe: Die folgende Zeitreihe y_t soll geglättet werden.
Methode: Zentrierte Gleitende Durchschnitte der 3. und 4. Ordnung.

t	y_t	$\bar{y}_{3t}$	$\bar{y}_{4t}$
1	10		
2	14		
3	12		
4	9		
5	13		
6	18		
7	17		
8	14		

Zeichnen Sie die geglätteten Werte:

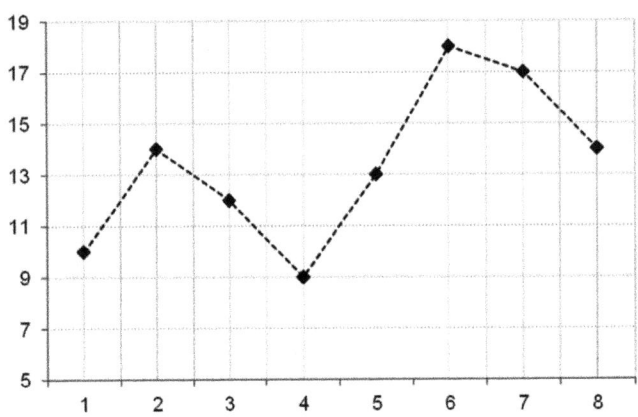

Abbildung 12: Zeitreihe zur Glättung mit zentrierten Gleitenden Durchschnitten

4.3.2 Endwertiger Gleitender Durchschnitt

Hinweis: Einfacher, in der Praxis üblicher – und in Excel implementiert.

Aufgabe: Die folgende Zeitreihe y_t soll geglättet werden
Methode: <u>Endwertige</u> Gleitende Durchschnitte der 3. und 4. Ordnung

t	y_t	$\bar{y}_{3t}$	$\bar{y}_{4t}$
1	10		
2	14		
3	12		
4	9		
5	13		
6	18		
7	17		
8	14		

Zeichnen Sie die geglätteten Werte:

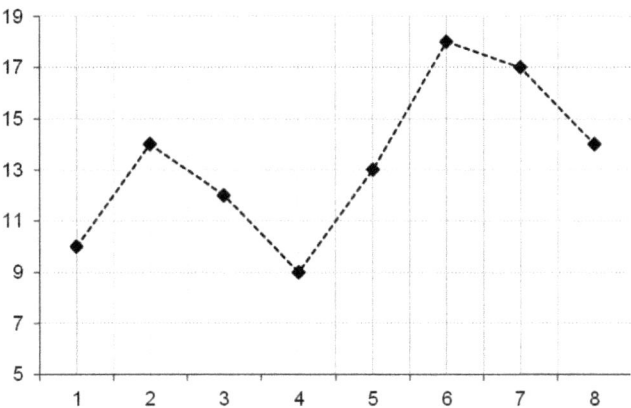

Abbildung 13: Zeitreihe zur Glättung mit endwertigen Gleitenden Durchschnitten

Vergleichen Sie die beiden Ermittlungsmethoden – was fällt Ihnen auf?

Sehen Sie Vor- und Nachteile der beiden Versionen?

4.4 Glättung durch lineare Trendfunktion – nach der Methode der Kleinsten Quadrate
Smoothing with Linear Trend Function

Als weitere Glättungsmethode bietet sich die – uns schon bekannte – lineare Regression an. Ein großer Vorteil ist, dass es keinen Informationsverlust am Rand gibt wie bei den Gleitenden Durchschnitten und dass es (dadurch) möglich ist, Prognosen zu erstellen – indem der Trend verlängert = die $\hat{y}_t$-Werte für zukünftige Perioden errechnet werden.

Im Prinzip können wir sehr ähnliche Formeln verwenden wie in Kapitel 3, nur dass aufgrund der Zeitreihendaten statt einer Variable x hier der Zeitindex t verwendet wird.

Allgemeine Trendfunktion: $\hat{y} = f(t)$

Lineare Trendfunktion: $\hat{y} = a + b \cdot t$

Es ergibt sich die Formel zur Ermittlung von a und b analog (3-10):

$$a = \frac{\sum t_i^2 \sum y_i - \sum t_i \sum t_i y_i}{n \sum t_i^2 - (\sum t_i)^2}$$

$$b = \frac{n \sum t_i y_i - \sum t_i \sum y_i}{n \sum t_i^2 - (\sum t_i)^2} \tag{4-4}$$

Eine zusätzliche Vereinfachung können wir durch eine geschickte Wahl von t erreichen. Wenn wir t so (zu einem neuen t*) transformieren, dass die Summe der t* = 0 wird, verringert sich der Rechenaufwand deutlich.

Am besten ermitteln wir: $t_i^* = t_i - \bar{t}$ $\tag{4-5}$

Dadurch vereinfacht sich (4-4) zu:

$a^* = \bar{y}$

$$b^* = b = \frac{\sum t_i^* y_i}{\sum t_i^{*2}} \tag{4-6}$$

Probieren wir beide Berechnungswege einmal am Beispiel aus.

Zurück zur Eingangsfrage:

Wie hat sich der Verkauf der Tee entwickelt und v.a. wie wird es wohl weitergehen (Prognose)?

--- Umsatzentwicklung von Tee in der StudierBar ---					Prognose:		REGRESSION:	
Halbjahr	y_i	ti	ti²	ti * yi	y_i^		n =	
I / 21	10	1					a =	
II / 21	25	2					b =	
I / 22	14	3						
II / 22	30	4						
I / 23	27	5					MW (t)	3
Σ	106	15					MW (y)	21,2
Prognose:					Prognose:			
II / 23		6						
I / 24		7						
II / 24		8						

Mit symmetrischen t*-Werten

Halbjahr	y_i	ti*	ti*²	t*i * yi	y_i^		REGRESSION:	
I / 21	10						n =	
II / 21	25						a* =	
I / 22	14						b* =	
II / 22	30							
I / 23	27						MW (t*)	
Σ	106						MW (y)	21,2
Prognose:					Prognose:			
II / 23		3						
I / 24		4						
II / 24		5						

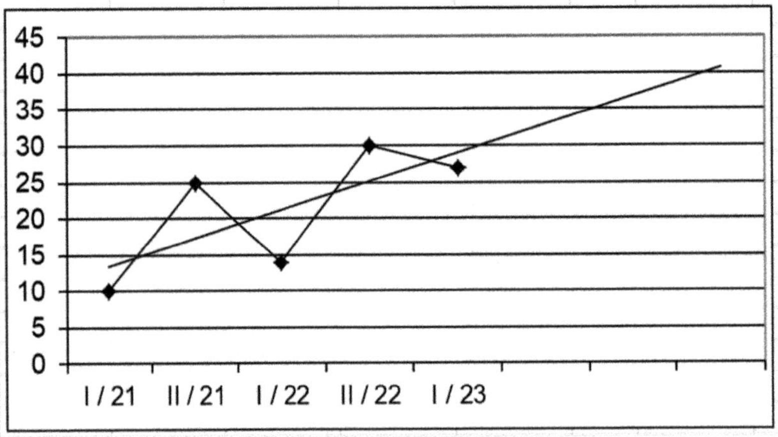

Abbildung 14: Zeitreihe zur Glättung mit Regression (Trendfunktion)

Zeichnen Sie Trendfunktion und Prognose.

Was fällt Ihnen zu den jeweiligen Werten für a bzw. a* und b bzw. b* auf? Erklären Sie dies!

Mithilfe der Zeitreihenanalyse können zeitliche Entwicklungen systematisch beschrieben werden. Starke Ausschläge werden durch Glättung in eine Reihe von Werten transferiert, die den dahinter liegenden Entwicklungstrend aufzeigt.

Bei der ersten Methode, den gleitenden Durchschnitten gibt es zwei Ansätze, die zentrierten und die endwertigen. Es entsteht jedoch immer ein Informationsverlust am Rand, aufgrund dessen GD für Prognosen weniger geeignet sind.

Auch die Regressionsanalyse kann sehr gut für die Zeitreihenanalyse eingesetzt werden; hier sind auch Prognosen zukünftiger Entwicklung möglich.

Der Teeverkauf der *StudierBar* hat sich positiv entwickelt. eine einfache Trend-Prognose besagt, dass der Umsatz im zweiten Halbjahr 2024 bereits über 40 kg pro Halbjahr betragen wird.

Aufgaben

Ü 4-1 Nennen Sie die Komponenten einer Zeitreihe. Welche werden i.d.R. zusammengefasst? Warum? [3 Min.]

Ü 4-2 Nennen Sie einige Anwendungsgebiete der Zeitreihenanalyse [3 Min.].

Ü 4-3 Berechnen Sie für die folgende Zeitreihe gleitende Durchschnitte
a) zentriert 3. Ordnung [4 Min.] und
b) zentriert 4. Ordnung [6 Min.] sowie
c) endwertig 3. Ordnung [4 Min.] und
d) endwertig 4. Ordnung [4 Min.].

T	1	2	3	4	5	6	7	8	9	10	11	12
y_t	12	16	14	18	22	10	26	14	30	18	32	22

Ü 4-4 Berechnen Sie für die folgende Zeitreihe
a) Zentrierte Gleitende Durchschnitte 3., 4. und 5. Ordnung [10 Min.] ;
b) Endwertige Gleitende Durchschnitte 3., 4. und 5. Ordnung [10 Min.] und
c) zeichnen Sie in ein Diagramm die Ursprungswerte und die gleitenden Durchschnitte ein. [7 Min.]

T	1	2	3	4	5	6	7	8	9	10	11	12
y_t	1	33	60	22	5	3	28	66	19	1	4	33

Ü 4-5 In dem nebenstehenden Schaubild ist die Zeitreihe eines Merkmals X dargestellt sowie Gleitende Durchschnitte 2., 4. und 6. Ordnung.

a) Welche Zykluslänge hat die Zeitreihe? [2 Min.]

b) Welche Ordnung haben die zentrierten gleitenden Durchschnitte A, B und C? [3 Min.]

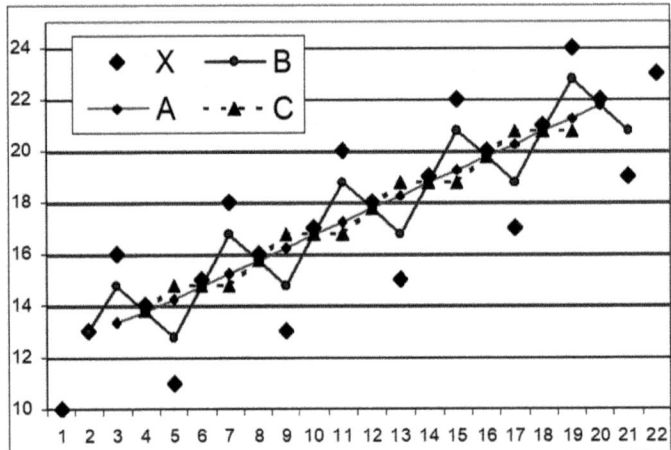

Abbildung 15: Übungsaufgabe zur Glättung mit gleitenden Durchschnitten

M 4-6 Es ist beabsichtigt, durch gleitende Durchschnitte eine Zeitreihe von Saisonschwankungen zu bereinigen. Welche Angaben sind dann korrekt? [je 1,5 Min.]

a) Zufallsschwankungen werden mit gleitenden Durchschnitten 3. Ordnung bereinigt, jedoch keine Saisonschwankungen

b) Je größer die Ordnung des gleitenden Durchschnittes gewählt wird, umso besser werden die Saisonschwankungen beseitigt.

c) Die Glättung einer Zeitreihe ist unabhängig von der Ordnung, lediglich der Rechenaufwand wird beeinflusst.

d) Die Ordnung sollte so gewählt sein, dass sie der Zykluslänge der Saison entspricht.

e) Ist der Saisonzyklus 4 Einheiten lang, so glättet ein gleitender Durchschnitt 4. Ordnung nicht nur die Saisonschwankungen, sondern auch Zufallsschwankungen.

Ü 4-7 Die Umsätze eines studentischen Skripten-Verkaufs seien:

Jahr	II / 22	I / 23	II / 23	I / 24	II / 24
y_t	25	14	30	27	33

a) Ermitteln Sie die Trendkomponente mittels linearer Regression. Wählen Sie dabei t = 1,2, ...,5. [7 Min.]

b) Errechnen Sie die selbe Regression nach der Formel (4-6). [6 Min.]

c) Wie viel Umsatz ist für I / 2025 und im II / 2025 zu erwarten? [3 Min.]

d) Zeichnen Sie diese Ergebnisse. [5 Min.]

Ü 4-8 In einem Schiffbauunternehmen, bei dem ab 2019 die Subventionen eingestellt wurden, entwickelte sich der Umsatz wie folgt (Angaben in Mio. €)

Jahr	2013	2014	2015	2016	2017	2018	2019	2020	2021	2022	2023
y_t	260	288	305	333	360	380	410	412	416	420	422

a) Zeichnen Sie diese Entwicklung [5 Min.]

b) Sie haben die Aufgabe, den Umsatz für das Jahr 2024 zu prognostizieren. Mit welcher Methode lösen Sie diese Aufgabe? Überlegen Sie *vor allem, welche der angegebenen Jahre* die Basis Ihrer Prognose darstellen sollten. [3 Min.]

c) Führen Sie eine Prognose für die Jahre 2027 und 2030 durch. [7 Min.]

M 4-9 Welche Aussagen zur Zeitreihenanalyse treffen zu? [je 1,5 Min.]

a) In der Regel kann für die Zeitreihenanalyse eine KQ-Regression durchgeführt werden.

b) Nur mit Gleitenden Durchschnitten lässt sich eine Saisonbereinigung durchführen.

c) Je höher die Ordnung eines GD, desto stärker ist in der Regel die Glättung einer Zeitreihe.

d) Die Berechnung von GD dient nur der Glättung saisonaler Schwankungen.

e) Periodische Schwankungen und Restschwankungen werden durch eine KQ-Regression geglättet.

Lernschritt K – Saisonkomponente und Saisonbereinigung

Fallbeispiel | *StudierBar*

Beate: „Super, mit der Glättung von Zeitreihen können wir jetzt immer sehen, wie der Trend, also quasi die durchschnittliche Entwicklung unserer Zahlen, sein wird – und auf der Basis auch planen, z.B. was wir einkaufen und wie viele Leute hier arbeiten müssen."

Adam: „Das finde ich nicht. Diese glatte Linie übersieht doch völlig, dass unsere Zahlen um diesen Trend herum ziemlich schwanken. Es gibt gute Tertiale (über dem Trend) und schlechte (unter dem Trend) – und wenn ich planen will, muss ich das mit berücksichtigen; nicht nur den Trend. Was sind denn „Tertiale?" Das sind Dritteljahre. Viele arbeiten mit „Quartalen", aber wir nehmen Tertiale, das passt bei unseren Zahlen besser." (auch Wochentage, Monate, ... können mit dieser Methode analysiert – und vorhergesagt – werden).

4.5 Ermittlung der Saisonkomponente und Saisonbereinigung
Analysis of Seasonality

Wie zu Beginn dieses 4. Kapitels beschrieben, folgt nun der zweite große Schritt der Zeitreihenanalyse. Auf Basis der Glättung wird nun der Saisoneinfluss beschrieben, den wir in der Anfangsgleichung als „Saisonkomponente" SK bezeichnet hatten – vgl. Formel (4-1)

Wie es sich für ein *„Schrittweise"*-Arbeitsbuch gehört, erfolgt diese Saisonbereinigung wiederum in drei Schritten.

1. Schritt: Saisonkomponente SK: Saisonale Abweichung aller Einzelwerte vom Trend
($\bar{y}_{kt}$ oder $\hat{y}_t$)

$SK_t = y_t - \bar{y}_{kt}$ (bei GD) oder (4-7 a)

$SK_t = y_t - \hat{y}_t$ (bei KQ) (4-7 b)

2. Schritt: *durchschnittliche* saisonale Abweichung der Zeiteinheiten

Durchschnittliche **Saisonkomponente** $\overline{SK}_j = \dfrac{1}{Q^*} \displaystyle\sum_{t \in Zeiteinheit\ j} SK_t$ (4-8)

Q* = Anzahl der Beobachtungen in der jeweiligen SK_j (3 Tertiale, 4 Quartale, 12 Monate, ...)

3. Schritt: saisonbereinigte Reihe

$\tilde{y}_t = y_t - \overline{SK}_j$ (4-9)

es verbleibt die Irreguläre oder Rest-Komponente

$RK_t = \bar{y}_{kt} - \tilde{y}_t$ bzw. $RK_t = \hat{y}_t - \tilde{y}_t$ (4-10)

Diese Schritte und Formeln finden sich in den folgenden Tabellen wieder, in denen einige Informationen bereits gegeben sind (z.B. die Glättung bereits gerechnet), so dass wir uns auf die Saisonbetrachtung konzentrieren können.

4.5.1 Saisonbereinigung mit Hilfe von Gleitenden Durchschnitten

Die folgenden Tertial-Werte für die Umsatzzahlen (in TEUR) der letzten drei Jahre liegen vor. Wir sehen, dass die Entwicklung einem saisonalen Muster folgt und möchten eine um die Saisoneffekte bereinigte Umsatzentwicklung betrachten können. Für die Glättung verwenden wir die Methode der **gleitenden Durchschnitte**.

Beispiel für Saisonbereinigung				**mit GLEITENDEN DURCHSCHNITTEN**						
			Umsatz	Gleitender Durchschnitt	$SK_t = Y_t - GD$			durchschn.	Saisonberein. Werte	(Rest)
Jahr	Tertial	t	y_t	Y^q_{3t}	I	II	III	SK^q_j	$y_t - Sk^q_j$	RK_t
20	20-I	1	25							
	20-II	2	44	26,3						
	20-III	3	10	26,7						
21	21-I	4	26	27,7						
	21-II	5	47	33,7						
	21-III	6	28	34,3						
22	22-I	7	28	35,3						
	22-II	8	50	36,0						
	22-III	9	30							

durchschnittl. SK^q_j (Tert. lies "SK quer j")

◄······ SK^q_j addieren sich zu ~ 0 !

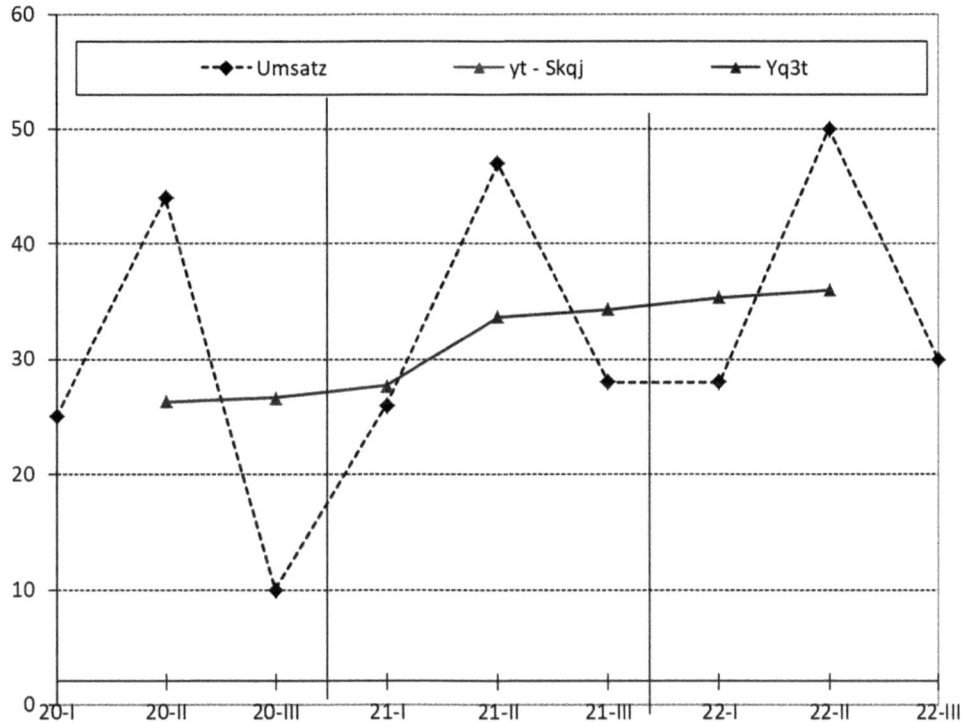

Tabelle 15: Saisonbereinigung mit Hilfe von Gleitenden Durchschnitten

Beschreiben Sie Ihre Ergebnisse.

4.5.2 Saisonbereinigung und Prognose mittels linearer Trendfunktion

Die folgenden Tertial-Werte für die Umsatzzahlen (in TEUR) der letzten drei Jahre liegen vor. Wir sehen, dass die Entwicklung einem saisonalen Muster folgt und möchten eine um die Saisoneffekte bereinigte Umsatzentwicklung betrachten können. Für die Glättung verwenden wir die Methode der **linearen Trendfunktion**.

Zusätzlich wollen wir die zu erwartende Entwicklung für das nächste Jahr 2023 **prognostizieren**.

Beispiel für Saisonbereinigung mit LINEARER REGRESSION

Jahr	Tertial	t	Umsatz y_t	vorhergesagtes $Y^$ $Y^ = a + b*t$	$SK_t = Y_t - Y^$ I	II	III	durchschn. $\overline{SK}^q j$	Saisonberein. Werte $y_t - \overline{Sk}^q j$	(Rest) RK_t
20	20-I	1	25	26,9						
	20-II	2	44	28,2						
	20-III	3	10	29,5						
21	21-I	4	26	30,7						
	21-II	5	47	32,0						
	21-III	6	28	33,3						
22	22-I	7	28	34,5						
	22-II	8	50	35,8						
	22-III	9	30	37,1						
Pro-	23-I	10		(s.u.)						
gno-	23-II	11		(s.u.)		durchschnittl. $\overline{SK}^q j$ (Tert) *(lies "SK quer j")*				
se	23-III	12		(s.u.)		$\overline{SK}^q j$ addieren sich zu 0 !				

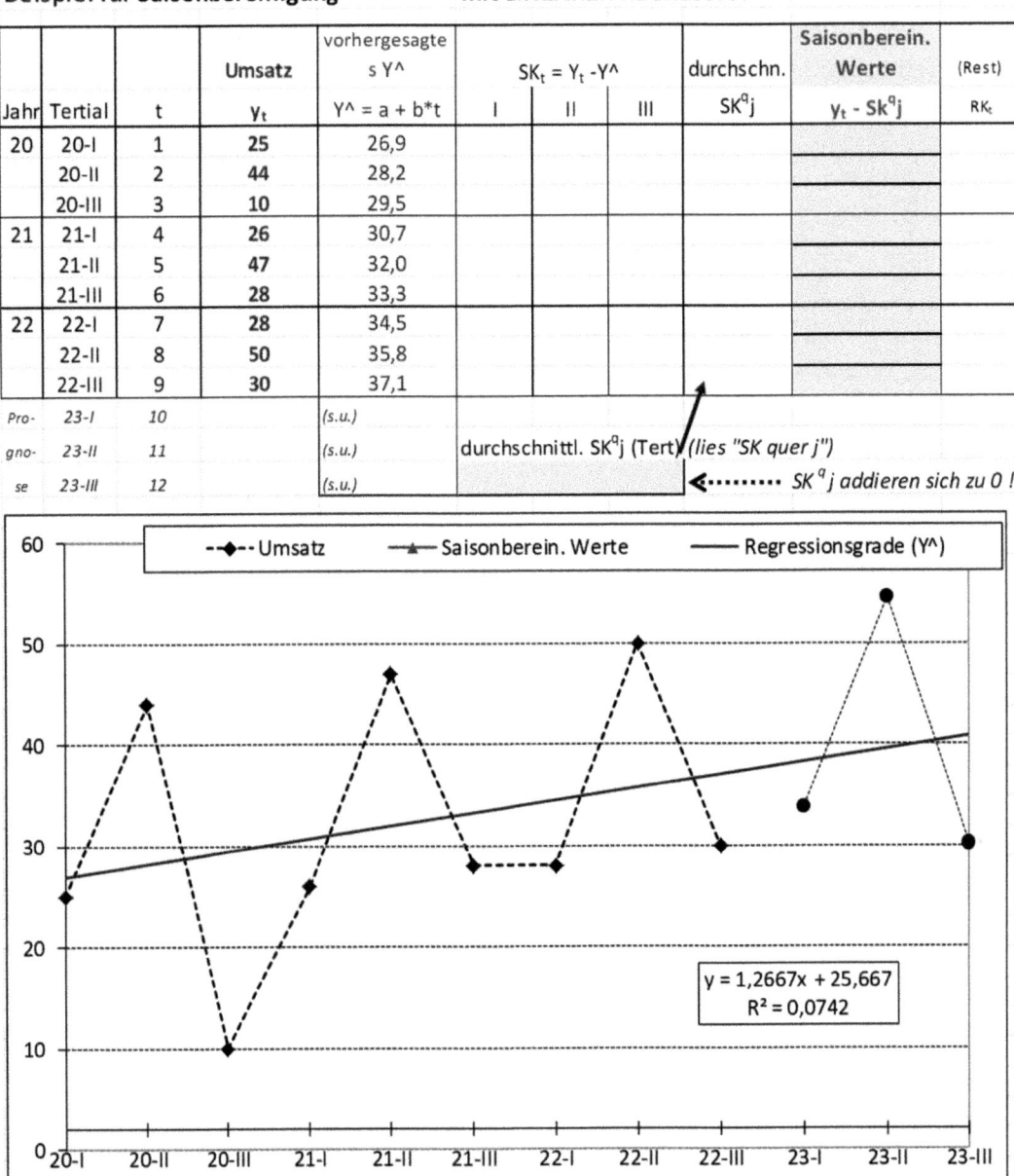

$$y = 1,2667x + 25,667$$
$$R^2 = 0,0742$$

Legend: --◆-- Umsatz   —▲— Saisonberein. Werte   —— Regressionsgrade ($Y^$)

X-axis: 20-I, 20-II, 20-III, 21-I, 21-II, 21-III, 22-I, 22-II, 22-III, 23-I, 23-II, 23-III

Tabelle 16: Saisonbereinigung und Prognose mittels linearer Trendfunktion

Beschreiben Sie Ihre Ergebnisse / Unterschiede zur vorherigen Seite.

4.6 Prognosen

Für die Vorhersage zukünftiger Werte der untersuchten Merkmale gibt es verschiedene Prognose-Methoden:

Einfache Prognosen

Einfache Prognosen beziehen sich immer nur auf die Vorperiode(n) – mit unterschiedlichen Rechenoperationen. Sie haben nur sehr begrenzte Vorhersagekraft:

konstante Entwicklung $\qquad$ $y_{t+1}^* = y_t$ $\qquad$ (4-11)

additive Entwicklung $\qquad$ $y_{t+1}^* = y_t + (y_t - y_{t-1})$ $\qquad$ (4-12)

multiplikative Entwicklung $\qquad$ $y_{t+1}^* = y_t \cdot \frac{y_t}{y_{t-1}}$ $\qquad$ (4-13)

Prognosen auf Basis von Trendfunktionen

können auf Basis der Fortschreibung der vorhergesagten Werte $\hat{y}_t^* = f(t)$ (Abschnitt 4.4) ermittelt werden, indem *für t zukünftige Werte* eingesetzt werden:

$$y_t^* = a + b \cdot t \qquad (4-14)$$

Dies ist schon etwas realistischer, berücksichtig aber immer noch nicht die regelmäßigen Schwankungen der Zeitreihe, die meist auf Saisoneinflüsse zurück zu führen sind.

Saisonale Einflüsse bei linearer Trendprognose

Für die Prognose wird die Saisonkomponente SK addiert (analog mit t* und a*):

$$\hat{y}_t^* = (a + b \cdot t) + \overline{SK}_j \qquad (4-15)$$

Vergleichen Sie die verschiedenen Arten von Prognosen. Welche halten Sie für sinnvoller(er)?

Welche wurde im o.a. Beispiel (Tabelle 16) angewendet?

Interpretieren Sie die Ergebnisse und diskutieren Sie deren Realitätsgehalt.

Die Saisonbereinigung erfolgt in drei Schritten. Mit ihrer Hilfe können zwei Dinge erreicht werden:

- Bereinigung („herausrechnen") der Saisoneinflüsse, so dass die tatsächliche Entwicklung erkennbar und nicht von wiederkehrenden Einflüssen überlagert wird.
- Realistische Prognosen, die neben dem Trend auch die saisonalen Schwankungen berücksichtigen („hereinrechnen"). Dies wird vor allem mit Trends auf Basis von linearen Regressionen vorgenommen.

In der *Studierbar* weist das zweite Tertial deutlich überdurchschnittliche Umsätze auf, im dritten ist besonders wenig los. Dies muss auch bei Prognosen berücksichtigt werden.

Aufgaben

Wenn bei den folgenden Aufgaben ein gleitender Durchschnitt gefragt ist, ist es freigestellt, ob Sie einen zentrierten oder einen endwertigen verwenden. Siehe dazu die Anmerkungen zu Beginn des Abschnitts 4.3.

Ü 4-10 Das Café Chiquadrat besteht seit 3 Jahren, in denen sich jeweils eine dreigeteilte Saisonfigur zeigte (Tertiale): Café-Frühling, Eis-Sommer und Grog-Herbst. Untersuchen Sie die zeitliche Entwicklung der Umsätze mit Hilfe der Methode der **gleitenden Durchschnitte**.

Tertial	2021-I	2021-II	2021-III	2022-I	2022-II	2022-III	2023-I	2023-II	2023-III
y_t	4	12	8	29	42	34	35	46	39

a) Wie lautet die (additive) Saisonkomponente im Sommer 2022? [6 Min.]

b) Errechnen Sie die durchschnittlichen Saisonkomponenten. [4 Min.]

c) Ermitteln Sie die saisonbereinigten Werte. Für welche Zeitpunkte können Sie diese ermitteln? [4 Min.]

d) Zeichnen Sie die Ursprungsdaten, die gleitenden Durchschnitte und die saisonbereinigte Zeitreihe. [6 Min.]

e) Wie beurteilen Sie die wirtschaftliche Lage des Café Chiquadrat? Begründen Sie Ihre Bewertung – welche Reihe(n) verwenden Sie? [4 Min.]

Ü 4-11 Der brandneue Büromaterialshop *BüMaScho* an der Fakultät Sozialwissenschaften möge zum Abschluss des Rechnungsjahres 2023 folgende Absatzentwicklung von Schreibblöcken beobachtet haben:

Quartal	Absatz		
I / 2022	9		
II / 2022	18		
III / 2022	4		
IV / 2022	20		
I / 2023	22		
II / 2023	40		
III / 2023	15		
IV / 2023	48		

a) Beurteilen Sie die wirtschaftliche Entwicklung mit Hilfe einer KQ-Regressionsanalyse. [5 Min.]

b) Ermitteln und interpretieren Sie auf dieser Basis (KQ) die Saisoneinflüsse. [8 Min.]

c) Für die Einkaufsplanung des 1. Halbjahres 2014 benötigt BüMaScho eine Absatzprognose für Schreibblöcke. Führen Sie diese durch. Berücksichtigen Sie die Saisoneinflüsse! [2 Min.]

d) Zeichnen Sie die Situation. In der Zeichnung sollen die Ursprungswerte, die geschätzten und die prognostizierten Werte deutlich erkennbar sein. [4 Min.]

K 4-12 Das Café Chiquadrat besteht seit 3 Jahren, in denen sich jeweils eine dreigeteilte Saisonfigur zeigte (Tertiale): Café-Frühling, Eis-Sommer und Grog-Herbst. Untersuchen Sie die zeitliche Entwicklung der Umsätze mit Hilfe der einer **KQ-Regressionsanalyse**.

Tertial	2021-I	2021-II	2021-III	2022-I	2022-II	2022-III	2023-I	2023-II	2023-III
y_t	4	12	8	29	42	34	35	46	39

a) Wie lautet die (additive) Saisonkomponente im Sommer 2022? [8 Min.]

b) Errechnen Sie die durchschnittlichen Saisonkomponenten. [4 Min.]

c) Ermitteln Sie die saisonbereinigten Werte. [4 Min.]

d) Zeichnen Sie Ursprungsdaten, vorhergesagten Werte & saisonbereinigte Zeitreihe. [6 Min.]

e) Wie beurteilen Sie die wirtschaftliche Lage des Café Chiquadrat? Begründen Sie Ihre Bewertung – welche Reihe(n) verwenden Sie? [4 Min.]

f) Prognostizieren Sie den Umsatz im Frühjahr und Sommer 2024. [3 Min.]

K 4-13 Erläutern Sie den Unterschied zwischen der Saisonbereinigung in Abschnitt 4.5 und der „Berücksichtigung saisonaler Einflüsse bei linearer Trendprognose" in Abschnitt 4.6. [4 Min.]

Lernschritt L – Maß- und Indexzahlen

Fallbeispiel | *StudierBar*

Besonders beliebt bei den Studierenden sind die original von der englischen Partner-Uni importierten Scones (mit Lemon Curd). Um deren Preise zu kalkulieren, muss der Wechselkurs des Euro zum britischen Pfundes berücksichtigt werden.

Um die Entwicklung im Verhältnis zum Basisjahr 2020 besser verfolgen zu können, möchte Chris einen Index zur Basis 2020 verwenden. Aber auch die Steigerungen zwischen den Jahren und die durchschnittlichen Steigerungen sind interessant.

Jahr:	2020	2021	2022	2023	2024	2025
Außenwert € gegenüber dem Pfund	0,64	0,76	0,80	0,76	0,88	0,96

5 Alles in Maßen – Maß- und Indexzahlen

Index Numbers

5.1 Verhältniszahlen

Ratios

Dieser Abschnitt besteht im Wesentlichen aus Definitionen und Grundrechenarten, v.a. als Dreisatz. Wenn Sie die Werte direkt nachvollziehen können, müssen Sie nicht minutiös den Formeln folgen.

Eine <u>Beziehungszahl</u> ist der Quotient zweier verschiedenartiger, aber sachlich sinnvoll zusammenhängender Größen:

$$BZ = \frac{\text{Summe der Merkmalsausprägungen}}{\text{Anzahl der statistischen Einheiten}} \approx \frac{\sum x_i}{n} = \bar{x} \qquad (5\text{-}2)$$

und damit eine *vereinfachte Berechnung* eines arithmetischen Mittels.

Messziffern oder Messzahlen:

X = Reihe von Werten x_t mit t = 0, ..., T.   <u>Messzahl</u> für die „Periode t zur Basis 0":

0 = **Basis**periode; t = **Berichts**periode (laufend) $M_0^t = \frac{x_t}{x_0} (\cdot 100[\%])$ \qquad (5\text{-}3)

zum obigen Problem:

Jahr:	2020	2021	2022	2023	2024	2025
Außenwert € gegenüber Pfund	0,64	0,76	0,80	0,76	0,88	0,96
a) „2020 = 100"						
b)						
c)						
d)						

a) Ermitteln Sie einen **Index** zur Basis 2020 (in Tabelle eintragen -- zwei Nachkomma_stellen genügen)

Rechenweg:

b) Ermitteln Sie die jährlichen **Zuwachsraten** ... in Prozenten (in Tabelle eintragen -- zwei Nachkommastellen)

c) ... in **Prozentpunkten** (in Tabelle eintragen -- zwei Nachkommastellen genügen)

d) Gesucht ist die **durchschnittliche Steigerung** für den gesamten Zeitraum 2020 bis 2025. Mit welchem Maß wird diese ermittelt – warum?

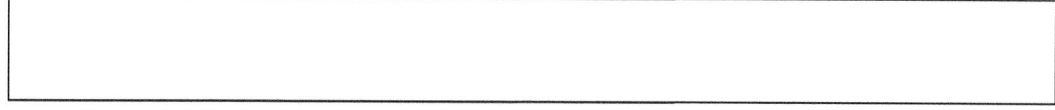

Umbasierung und **Verketten** von Messziffern:

($_A$ = altes Basisjahr; $_N$ = neues Basisjahr)

$$M_N^t = \frac{M_A^t}{M_A^N} \,(\cdot\, 100[\%]) \text{ oder (wenn } M_A^N \text{ nicht bekannt) } M_N^t = \frac{M_A^t \cdot M_N^A}{100} \qquad (5\text{-}7)$$

oder doch lieber gleich Dreisatz ...

Für die Kammerstatistik soll die folgende Zeitreihe als Indexzahlen zur Basis 2022 angegeben werden:

	2020	2021	2022	2023	2024	2025
alter Index (Basis 2017)	110	112,5	118	115	119	121,5
neuer Index (Basis 2022)						

mit welchem Basisjahr würde die o.a. Entwicklung am besten erkennbar sein?

neuer Index (Basis ....)						

Als PraktikantIn der *StudierBar* erhalten Sie die geschichtsträchtige Aufgabe, die Geschäftsentwicklung über 10 Jahre darzustellen. Sie entstauben den Geschäftsbericht 2026 und den legt den aktuellen von 2030 daneben. Stellen Sie die Geschäftsentwicklung als eine durchgehende Indexreihe dar:

Geschäftsbericht 2026

Jahr	Umsatzentwicklung (2020 = 100)
2020	100,0
2021	102,9
2022	110,3
2023	114,9
2024	114,0
2025	112,9
2026	114,0

Geschäftsbericht 2030

Jahr	Umsatzentwicklung (2026 = 100)
2026	100,0
2027	100,5
2028	101,5
2029	104,2
2030	108,0

Basis: .....

Jahr	

Ein **Index** bezieht sich immer auf ein Basisjahr, wogegen eine Zuwachsrate (z.B. Preissteigerung, s.u.) sich jeweils auf das Vorjahr bezieht.

Im untersuchten Fall hat der Index für 2025 zur Basis 2020 den Wert 150. Die prozentualen Steigerungen (Zuwachsraten) liegen zwischen -5,0 % und 18.8 % mit einer durchschnittlichen Steigerung über den gesamten Zeitraum von 8,45 %.

Durch Umbasierung kann ein anderes Basisjahr verwendet werden, z.B. um mehrere Indexreihen zusammenzufassen.

Schon wieder ist der Kaffee teurer geworden – aber die Milch billiger ...

Wie wirkt sich das auf die Ausgaben aus? Wie können Preisentwicklungen gemessen werden, wo werden sie veröffentlicht?

5.2 Preis- und Mengenindizes
Price and Quantity Indices

Praxiswissen

Preisindizes sind in der Praxis ein sehr wichtiges Thema. Wir können dort einerseits die Preisentwicklung für uns selbst verfolgen (Harmonisierter Verbraucher Preis Index, HVPI), sondern auch die Entwicklung von Preisen, die für Unternehmen und die Gesamtwirtschaft wichtig sind, z.B. den „BIP-Deflator". Beispiele:

Preisindizes im Überblick (Statistisches Bundesamt)

👆 *www.destatis.de/DE/Themen/Wirtschaft/Preise/_inhalt.html*

Preisindex der Lebenshaltung des Statistischen Bundesamtes, kann auch auf Inflationsraten umgeschaltet werden

👆 *www.destatis.de/DE/Themen/Wirtschaft/Preise/Verbraucherpreisindex/_inhalt.html*

Verbraucherpreisindex: Warenkorb und Wägungsschema (Statistisches Bundesamt)

👆 *www.destatis.de/DE/Themen/Wirtschaft/Preise/Verbraucherpreisindex/inflation.html*

Persönlicher Inflationsrechner (Statistisches Bundesamt)

👆 *https://service.destatis.de/inflationsrechner/Inflationsrechner.svg*

Preisentwicklung für einzelne Gütergruppen: Preis-Kaleidoskop
(Statistisches Bundesamt)

👆 *www.destatis.de/DE/Themen/Wirtschaft/Preise/Verbraucherpreisindex/PreisKaleidos kopUebersicht.html*

Die Preisentwicklung häufig gekaufter Produkte können Sie auch im **Preismonitor** beobachten (Statistisches Bundesamt)

👆 *www.destatis.de/DE/Themen/Wirtschaft/Konjunkturindikatoren/Preismonitor/Preism onitor.html*

Ebenfalls sehr wichtig im Wirtschaftsbereich sind **Aktienindizes**:

Ein Aktienindex ist eine Kennziffer, mit der die Kursentwicklung dargestellt werden. Es gibt diverse Aktienindizes, die jeweils eine vorgegebene Anzahl an Aktien enthalten und ein gewichtetes arithmetisches Mittel (Abschnitt 2.2.2) der Entwicklung der Einzelwerte darstellen.

In Deutschland ist der **DAX** (Deutscher Aktienindex) der wichtigste Index, international der Dow Jones Index aus den USA, der **FTSE** usw. Im Netz finden sich viele Auflistungen mit den jeweils aktuellen Kursen, wie z.B. bei

☞ *www.finanzen.net/indizes,*
☞ *www.onvista.de/aktienkurse,*
☞ *www.finanznachrichten.de/aktienkurse/uebersicht.htm,*
☞ *www.boersennews.de u.v.m.*

Aktuelles zum DAX z.B. bei der Deutsche Börse Group (☞ www.deutsche-boerse.com)

Zur konkreten Berechnung des DAX siehe z.B. ☞ *www.boerse.de/grundlagen/index/Die-Berechnung-des-Indexwertes-54* und die Berechnungsformeln in der Veröffentlichung ☞ *http://www.deutsche-boerse-cash-market.com/blob/2940666/e0425be189d5f2952d874bd9cdb8b775/data/Leitfaden-zu-den-Aktienindizes.pdf,* ab Seite 38.

Fallbeispiel | *StudierBar*

Die Studierenden beschweren sich bei den Betreibern der *StudierBar*, dass die Preise steigen, sie müssten in der *StudierBar* im mehr für Snacks und Getränke ausgeben.

Chris analysiert die Ausgaben der Studierenden für Lebenshaltung. Was antwortet sie?

Produkt	Verbrauch 2020	Verbrauch 2025	Preis 2020	Preis 2025	Preis-Steigerung	Ausgaben Basisjahr	Ausgaben Berichtsjahr			
Miete	30	25	5,00 €	7,50 €						
Essen	30	30	10,00 €	13,00 €						
StudierBar	10	30	3,60 €	3,00 €						

Ermittlung von Preis-Indizes

Auch ein Preisindex fordert keine hohe Mathematik, wir kommen mit den Grundrechenarten aus. Wir benötigen (wieder) zwei Symbole: t für den Zeitpunkt und i für das Produkt:

p_{ti} → Preis des Produktes (Faktors) i zum Zeitpunkt t

q_{ti} → Menge des Produktes (Faktors) i zum Zeitpunkt t

   mit je *zwei Zeitpunkten*: t=0 → Basiszeitpunkt und t=1→ Berichtszeitpunkt

🛈 Ein *Preis*index ist ein **gewichtetes arithmetisches Mittel aus Preismessziffern** (Preis-verhältnissen) $\dfrac{p_{1i}}{p_{0i}}$ (Mittelwert über die betrachteten Produkte).

Als Gewichte dienen dabei die Ausgabenanteile. (Mengenindizes analog)

Unterschiedliche Definition durch unterschiedliche Wahl der Gewichte:

	Preisindex	Mengenindex
Laspeyres	$L_P = \sum \dfrac{p_{1i}}{p_{0i}} \cdot \dfrac{p_{0i}q_{0i}}{\sum p_{0i}q_{0i}} = \dfrac{\sum p_{1i}q_{0i}}{\sum p_{0i}q_{0i}}$ (5-8)	$L_M = \sum \dfrac{q_{1i}}{q_{0i}} \cdot \dfrac{q_{0i}p_{0i}}{\sum q_{0i}p_{0i}} = \dfrac{\sum q_{1i}p_{0i}}{\sum q_{0i}p_{0i}}$ (5-9)
Paasche	$P_P = \sum \dfrac{p_{1i}}{p_{0i}} \cdot \dfrac{p_{0i}q_{1i}}{\sum p_{0i}q_{1i}} = \dfrac{\sum p_{1i}q_{1i}}{\sum p_{0i}q_{1i}}$ (5-10)	$P_P = \sum \dfrac{q_{1i}}{q_{0i}} \cdot \dfrac{q_{0i}p_{1i}}{\sum q_{0i}p_{1i}} = \dfrac{\sum q_{1i}p_{1i}}{\sum q_{0i}p_{1i}}$ (5-11)

Der Mittelteil der Formeln (zwischen den Gleichheitszeichen) zeigt die eigentliche Herleitung: Steigerung p_1/p_0 × Gewicht.

Der jeweils rechte Teil ist kürzer und praktischer umzusetzen, daher findet nur er sich in der Formelsammlung. Allerdings ist dort die eigentliche Herleitung nicht mehr zu erkennen.

Wie immer am besten praktisch und *schrittweise* ...

Berechnung des Preis-Index nach Laspeyers

Produkt		
Miete		
Essen		
StudierBar		
Summe		

Ergebnis Index L_p:

Berechnung des Preis-Index nach Paasche

Produkt		
Miete		
Essen		
StudierBar		
Summe		

Ergebnis Index P_p:

Berechnung des Mengen-Index nach Laspeyers

Produkt		
Miete		
Essen		

StudierBar		
Summe		

Ergebnis Index L_M:

Berechnung des Mengen- Index nach Paasche

Produkt		
Miete		
Essen		
StudierBar		
Summe		

Ergebnis Index P_M:

und woran liegt es, dass das Ergebnis so ausfällt?

Gemeinsame Entwicklung von Preisen und Mengen werden im Wertindex gemessen:

$$WI = L_P P_M = P_P L_M = \frac{\sum p_{1i} q_{1i}}{\sum p_{0i} q_{0i}} \cdot 100 \qquad (5\text{-}12)$$

Alle Indizes werden <u>in der Regel mit 100 multipliziert</u>, so dass ein Wert über 100 eine Preissteigerung (bzw. Mengen-) und ein Wert < 100 einen Rückgang der Preise/Mengen zeigt.

Aus diesen – jeweils zwei Perioden vergleichenden – Messzahlen werden in der Regel **Indexreihen** gebildet, mit denen wie im Abschnitt 5.1 beschrieben verfahren werden kann.

Die Beschwerde der Studierenden bei der *StudierBar* ist unberechtigt. Zwar geben die Studierenden deutlich mehr dort aus, aber das ist ein reiner Mengeneffekt (sie kaufen mehr in der *StudierBar*), denn die Preise der *StudierBar* sind sogar gesunken.

Genauer: Die gekaufte Menge hat sich verdreifacht, während die Preise um 17 % gesunken sind. Zusammen ergibt das eine Ausgabensteigerung in der *StudierBar* von 150 %.

Über die Preissteigerung müssen sich die Studierenden lieber bei Ihren Vermietern beschweren, denn die Mieten sind um 50 % gestiegen.

Aufgaben

Ü 5-1 Diskutieren Sie die folgenden Verhältniszahlen: Sind sie sinnvoll definiert? Welche Probleme sind bei ihrer Erstellung und Interpretation zu beachten? [je 2 Min.]

a) Durchschnittlicher Bierverbrauch $= \dfrac{\text{Bierverbrauch in Liter pro Jahr}}{\text{Bevölkerungszahl}}$

b) Durchschnittliche Anzahl Herzinfarkte $= \dfrac{\text{Herzinfarkte pro Jahr}}{\text{Fläche Deutschlands}}$

c) $\text{Werbeerfolgsziffer} = \dfrac{\text{Umsatz aufgrund von Anzeigen}}{\text{Werbeausgaben im laufenden Jahr}}$

d) $\text{Säuglingssterblichkeit} = \dfrac{\text{gestorbene Säuglinge im Jahr t}}{\text{geborene Säuglinge im Jahr tl}}$

e) $\text{Unfallhäufigkeit} = \dfrac{\text{Anzahl Unfälle}}{\text{km Straßenlänge}}$

M 5-2 Für die Schweiz (CH) und der Bundesrepublik Deutschland (D) wird der Zigarettenverbrauch pro Kopf und Jahr der Bevölkerung wie folgt angegeben: CH: 300 Päckchen; D: 210 Päckchen [je 1,5 Min.]

a) Schweizer rauchen im Durchschnitt der Bevölkerung mehr Zigaretten als die Deutschen.

b) Die Kennzahlen sind wertlos, da Kinder und Nichtraucher mit erfasst sind.

c) In der Schweiz gibt es mehr Raucher als in Deutschland.

d) In der Schweiz wird insgesamt mehr geraucht als in Deutschland, weil der Verbrauch pro Kopf höher ist.

Ü 5-3 In den Veranstaltungen VWL I und Statistik I werden in den ersten 10 Veranstaltungswochen folgende HörerInnenzahlen registriert. Stellen Sie diese Entwicklung in Maßzahlen und graphisch dar. [8-10 Min.]
(Es gibt hier nicht *eine* Musterlösung, sondern mehrere denkbare Lösungen. Ihre Kreativität ist gefragt).

VWL	120	122	125	133	128	139	126	121	118	122
Statistik	88	75	69	70	66	111	112	100	90	80

Ü 5-4 Ermitteln Sie für die letzten 10 Jahre die Entwicklung a) des Preisindex der Lebenshaltung und b) der Inflationsrate auf der Website des Statistischen Bundesamtes. [3 Min.]

M 5-5 Der Preisindex für die Lebenshaltung (Deutschland, alle Haushalte, 2023=100) habe sich wie folgt entwickelt: Welche der unten getroffenen Aussagen ist richtig? [je 1,5 Min.]

Jahr	2020	2021	2022	2023	2024	2025	2026	2027	2028
Index	92,5	95,7	98,4	100	101,3	103,2	104,1	104,8	106,9

a) Die prozentuale Steigerung der Lebenshaltungskosten zwischen 2020 und 2021 ist um 300 % höher als die Steigerung zwischen 2025 und 2026.

b) Die prozentuale Steigerung der Lebenshaltungskosten zwischen 2020 und 2021 ist um rund 2,6 Prozentpunkte höher als die Steigerung zwischen 2025 und 2026.

c) Die durchschnittliche Steigerung der Lebenshaltungskosten zwischen 2021 und 2024 beträgt 4,1 %.

d) Im Jahr 2023 waren die Lebenshaltungskosten genau 100 % höher als zu Beginn der statistischen Berechnung.

M 5-6 Welche Aussagen über einen Preisindex nach Paasche sind richtig? [je 1,5 Min.]

a) Es handelt sich um ein gewogenes arithmetisches Mittel aus Mengen.

b) Ein Index von 50 bedeutet, dass sich alle Preise halbiert haben.

c) Es handelt sich um ein gewogenes arithmetisches Mittel aus Preisen.

d) Es handelt sich um ein gewogenes arithmetisches Mittel aus Preisverhältnissen.

Ü 5-7 2011 seien alle Preise genau doppelt so hoch gewesen wie 1981. Können mit diesen Angaben Preisindizes für 2011 zur Basis 1981 a) nach Paasche und b) nach Laspeyres bestimmt werden? Wenn ja, welchen Wert haben sie jeweils? [3 Min.]

Ü 5-8 Zwei Statistische Jahrbücher geben einen Preisindex verschieden an:

Jahr	2020	2021	2022	2023	2024	2025	2026	2027	2028
Index 1	84,2	92,1	98,7	100,0	104,0	111,1	114,1		
Index 2			85,1	86,2	89,7	95,8	98,4	100,0	103,4

Warum unterscheiden sich die Werte? [2 Min.]

Ermitteln Sie die vier fehlenden Indizes. [3 Min.]

Ü 5-9 Ein Haushalt tätige im März 2017 und im März 2023 folgenden Verbrauch:

	ME	Menge 17	Menge 23	Preis 17	Preis 23
Brot	kg	10	11	5,80 EUR	6,00 EUR
Chips	Tüten	5	8	2,40 EUR	2,20 EUR
Bier	Flaschen	18	30	2,20 EUR	1,80 EUR
Bleistifte	Stk.	3	5	0,90 EUR	1,00 EUR

a) Berechnen Sie den Preisindex der Lebenshaltung nach Laspeyres für 2023 zur Basis 17. [3 Min.]

b) Errechnen Sie die prozentuale Änderung der Ausgaben, die der Haushalt für seine Lebenshaltung getätigt hat. [3 Min.]

c) Wie ist es zu erklären, dass die Preise im Durchschnitt geringer geworden sind, die Ausgaben des Haushaltes aber gestiegen? [3 Min.]

Ü 5-10 Für jedes von N verschiedenen Gütern ist der Umsatz des Basisjahres und die Preise des Berichts- und des Basisjahres bekannt. Welchen Index können Sie mit diesen Angaben ermitteln? [3 Min.]

M 5-11 Welche Aussagen über Indizes treffen zu? [je 1,5 Min.]

a) Ein Preisindex für Lebenshaltung beschreibt, in welchem Maße sich die Lebenshaltung aufgrund von Preisänderungen verteuert oder verbilligt hat.

b) Ohne Mengenangaben kann ein Preisindex nicht errechnet werden.

c) Wenn bei einem für 2 Güter berechneter Preisindex sich ein Preis verdoppelt und der andere halbiert hat sowie beide Mengen gleich groß sind, ist der Index = 100.

d) Ein Preisindex ist ein gewogenes geometrisches Mittel aus Preismesszahlen.

Teil II: Induktive (schließende) Statistik

Statistical Inference

Der zweite Teil der Statistikveranstaltung unterscheidet sich merklich vom ersten: Dort wurde eine Methode nach der anderen vorgestellt, besprochen, geübt, abgeheftet. Die Themen waren alle recht unabhängig voneinander.

Im zweiten Teil geht es hingegen um das Gesamtkonzept, stärker um die Grundidee(n) und nicht primär um Einzelmethoden. Es sind z.B. deutlich mehr Formeln in der Formelsammlung, die aber gar nicht alle intensiv besprochen werden. Sie müssen also einen *Überblick* erlangen. Ziel ist Kapitel 8: das statistische **Schließen**, durch **Schätzen** und **Testen** (insbes. Kapitel 8.3–8.5). Alles andere ist der Weg dahin, auf dem es gilt, das Ziel nicht aus dem Auge zu verlieren.

Nicht immer erscheint alles streng logisch und manchmal recht theoretisch, so dass immer wieder die Frage aufkommt: „Was soll das eigentlich alles?". Dies ist eine gute Frage – aber Sie müssen die Antwort suchen: Wenn Sie bis zum Schluss aktiv dabei bleiben, lösen sich die Rätsel und zeigen sich die Zusammenhänge.

Dies führt wieder zu der Folgerung: Machen Sie nicht den Fehler, das Lernen auf zwei Wochen vor der Klausur zu schieben! Bereiten Sie die Veranstaltungen kontinuierlich nach (gerne auch vor) und üben Sie mit – *schrittweise*. Dann wird weder die Klausur ein Problem sein, noch kann die Schlusshektik Sie einholen.

Und nun: **Viel Spaß bei der schließenden Statistik!!**

Lernschritt M – Kombinatorik und Wahrscheinlichkeitsrechnung

Es sollen **allgemeine Aussagen über die Grundgesamtheit** getroffen werden, diese ist jedoch gar nicht näher bekannt (z.B. deren Mittelwert, Standardabweichung etc.)

Bekannt sind dagegen Aussagen (Messungen) über eine **Stichprobe**. Im zweiten Teil dieses Buches werden wir mit statistischen Methoden vom Bekannten auf das Unbekannte schlussfolgern. Wir sprechen vom: **Schluss von der Stichprobe auf die Grundgesamtheit**

Ein Beispiel: Der Leiter der Qualitätsabteilung einer Glühbirnenfirma muss wissen, wie lange die produzierten Glühbirnen im Durchschnitt brennen. Problem: Er kann nicht alle ausprobieren ... Deshalb entnimmt er aus der laufenden Produktion 20 Glühbirnen und misst, wie lange diese brennen. Es ergibt sich eine durchschnittliche Brenndauer von 290 Stunden.

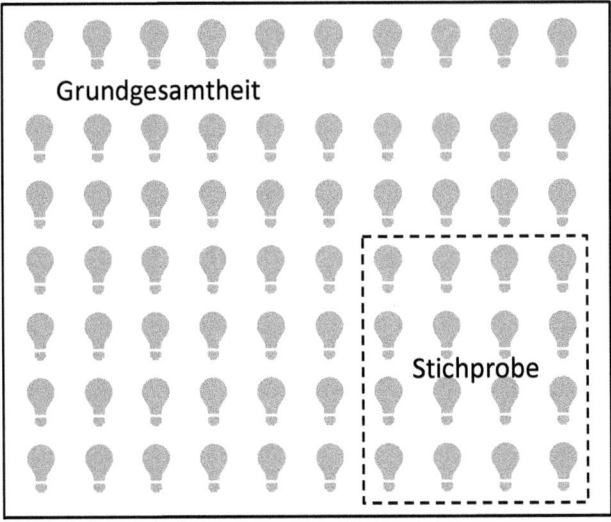

$$\bar{x} = 290 \text{ Stunden} \quad s = 30 \text{ Stunden}$$

Ist es möglich, auf dieser Basis abzuschätzen, welches die durchschnittliche Brenndauer aller Glühbirnen in der Grundgesamtheit μ ist? Dies ist der „Schluss von der Stichprobe auf die Grundgesamtheit", die „schließende Statistik. Die konkrete Methode zur statistischen Schätzung lernen wir in Kapitel 8.2 kennen.

Als Grundlage müssen wir mehr über Verteilungen lernen (Kapitel 7) – und dazu brauchen wir die Wahrscheinlichkeitstheorie (Kapitel 6). Das alles tun wir – wie immer – *schrittweise*:

6 (Wie) viele Möglichkeiten? Kombinatorik & Wahrscheinlichkeitsrechnung
Combination Theory & Probabilities

Schon in der Antike tritt der Gedanke auf, dass die Naturgesetze durch eine sehr große Anzahl von zufälligen Ereignissen zur Geltung kommen. Die Aufdeckung der Gesetzmäßigkeiten, auf deren Auftreten zahlreiche individuelle Einflüsse einwirken, die nicht oder fast nicht miteinander verbunden sind, war auch Ziel der Gelehrten, die die Wahrscheinlichkeitsrechnung wesentlich beeinflussten.

Vor allem die mit Glücksspielen zusammenhängenden Probleme bildeten den Anlass dafür, dass sich bedeutende Gelehrte mit Fragen der Zufälligkeit von Ereignissen u.a. beschäftigten.

Kurz vorgegriffen – die Wahrscheinlichkeit eines Ereignisses kann definiert werden als:

$$W(A) = \frac{\text{Anzahl der "günstigen" Ereignisse}}{\text{Anzahl der gleichmöglichen Ereignisse}} \qquad (6\text{-}7)$$

Fallbeispiel | *StudierBar*

Kurz vor Feierabend ist in der *StudierBar* wenig los. Beate und Adam spielen Mensch-Ärgere-Dich-Nicht. Aber es will nicht losgehen.

Wie groß ist die Wahrscheinlichkeit → eine „6" zu würfeln?

$$W = \frac{\text{Anzahl der günstigen Ausgänge}}{\text{Anzahl der möglichen Ausgänge}} = \underline{\hspace{3cm}} = \underline{\hspace{2cm}}$$

„Wieso kommt eigentlich Peter nicht mehr, der hat doch immer abends noch ein Bier getrunken?" „Vielleicht hat er im Lotto gewonnen und studiert nicht mehr"

Wie groß ist die Wahrscheinlichkeit → „6 Richtige" im Lotto zu haben?

$$W = \frac{\text{Anzahl der günstigen Ausgänge}}{\text{Anzahl der möglichen Ausgänge}} = \underline{\hspace{4cm}} = \underline{\hspace{2cm}}$$

Um eine Wahrscheinlichkeit auszurechnen, benötigen wir also vor allem die Anzahl der möglichen Ausgänge der „möglichen Ereignisse".

Bei einem Würfel ist das klar, aber wie viele Möglichkeiten gibt es, dass ganz bestimmte 6 Zahlen aus 49 gezogen werden – am liebsten die, die ich getippt habe? Antwort gibt uns die Kombinatorik, die im folgenden Abschnitt beschrieben wird.

6.1 Kombinatorik
Combination Theory

Permutationen

Möglichkeiten der Anordnung (Reihenfolgen) von Elementen werden in der Statistik als **Permutationen** bezeichnet.

Fallbeispiel | *StudierBar*

Adam hat gründlich geputzt. Nun überlegt er, in welcher Reihenfolge er „B = belegte Brötchen, C = Cookies, S = Snacks, T = Torten der Wahrheit" im Tresen anordnen sollte. Wie viele mögliche Reihenfolgen von vier Elementen gibt es?

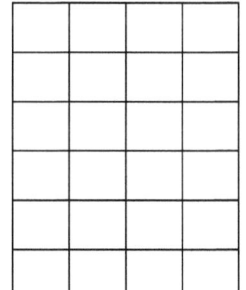 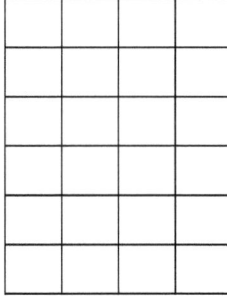  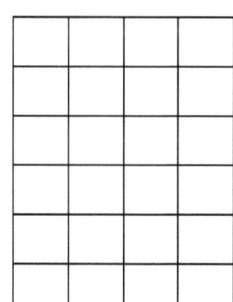

Formel: Anzahl der **Permutationen** (Reihenfolgen/Anordnungen) von n Elementen messen wir als
Fakultäten:
So ist „n Fakultät": $n! = 1 \cdot 2 \cdot 3 \cdot \ldots \cdot n$ *(wobei: 0! = 1)*   (6-1)

Kombinationen

Bei der Kombinatorik geht es um die Kombination verschiedener Ereignisse, also wie viele Möglichkeiten es gibt, aus einer **Grundgesamtheit/Population** (**N** Elemente) eine **Stichprobe/Sample** (**n** Elemente) zu entnehmen.

Eine Hilfsgröße dazu bildet der **Binomialkoeffizient:**

$$\binom{N}{n} = \frac{N \cdot (N-1) \cdot (N-2) \cdot \ldots \cdot (N-n+1)}{n!} = \frac{N!}{n! \cdot (N-n)!} \qquad (6\text{-}2)$$

Fallbeispiel | StudierBar

Am Donnerstagabend gibt es immer ein Pub-Quiz in der *StudierBar*. Bevor es losgeht, jedoch zunächst die essentielle Frage: Was soll ich trinken? Wie wahrscheinlich ist es denn, aus einer Kiste Bier mit mehreren Sorten blind zwei Flaschen meines Lieblings-bieres Bocksbier zu ziehen?

Was muss ich dazu vorher wissen? Wie viele Möglichkeiten gibt es, aus einer Kiste Bier mit mehreren Sorten blind zwei Flaschen zu ziehen?

▨ Anzahlen N und n

▨ Mit Zurücklegen oder ohne?

▨ Kommt es auf die Reihenfolge an?

Nehmen wir der Einfachheit halber an, es handelt sich um einen „Four-Pack", aus dem zwei Flaschen entnommen werden: 1 = Bocks Classic; 2 = Bocks Gold; 3 = Bocks Silber und 4 = Bocks alkoholfrei. Welche (2er-)Kombinationen gibt es? Wir können sie in der folgenden Tabelle eintragen und mit den dortigen Formeln ausrechnen:

	mit Zurücklegen	ohne Zurücklegen
Berücksichtigung Reihenfolge	N^n (6-3)	$\dfrac{N!}{(N-n)!}$ (6-4)
keine Berücksichtigung Reihenfolge	$\binom{N+n-1}{n}$ (6-5)	$\binom{N}{n}$ (6-6)

Es gibt n! (hier 4!=24) Möglichkeiten der Anordnung im Tresen und beim Bier kommt es darauf an … Zurücklegen? Reihenfolge relevant? – Es können 6, 10, 12 oder 16 Möglichkeiten sein.

Aufgaben

Ü 6-1 Sechs Dozenten treffen sich zum Statistik-Stammtisch im Café Sigmaquadrat. In wie viel verschiedenen Reihenfolgen können sie sich an die Theke setzen? [3 Min.]

Ü 6-2 Bei der Ermittlung der Anzahl von Kombinationen wird unterschieden zwischen Kombinationen mit oder ohne Berücksichtigung der Reihenfolge sowie mit oder ohne Wiederholung. In welchem Fall ergeben sich die meisten/ wenigsten Kombinationsmöglichkeiten? Warum? [3 Min.]

Ü 6-3 Wie groß ist die Anzahl der möglichen Stichproben vom Umfang 4 aus einer Grundgesamtheit von 16 Elementen? (Tabellarische Darstellung i.d. Dimensionen aus Ü 6-2). [10 Min.]

Ü 6-4 Ermitteln Sie die Anzahl der Möglichkeiten, auf einem Lottoschein mit 49 Zahlen sechs anzukreuzen. [3 Min.]

Lernschritt N – Wahrscheinlichkeitsrechnung

Fallbeispiel | StudierBar

Chris: Also zwischen 18:00 und 20:00 ist hier echt zu wenig los.

Beate: Was haltet ihr davon, wenn wir verkaufsfördernde Aktionen starten, z.B.: „Glücksbier". Für 20 % weniger dürfen die KundInnen blind in den Kasten greifen und ziehen dann zufällig eine Biersorte.

Um den verschiedenen Geschmäckern gerecht zu werden, tun wir neben Bocksbier Classic und Bocksbier Blond auch ein paar Flaschen alkoholfreies (darunter auch Bocksbier alkoholfrei) in den Kasten. Oder wir lassen würfeln?!

6.2 Grundbegriffe und Definitionen der Wahrscheinlichkeitsrechnung
Basic Concepts and Definitions of Calculus of Probabilities

Ein paar nützliche Begriffe zum Merken:

Zufallsexperiment:
- ein beliebig oft wiederholbarer Vorgang
- in einem determinierten Bestimmungsrahmen (Umwelt / Umfeld)
- mit zufälligen Ergebnissen („Ereignissen")

Ereignis:
= Resultat eines Zufallsexperiments

Ein zufälliges Ereignis ist ein Resultat eines Experiments, das auftreten *kann* (aber nicht muss), es kann auch eine Menge = Kombination verschiedener Einzelergebnisse sein.

Elementarereignis:
= grundlegendes Einzelereignis

zufällige Ereignisse:

= Menge der möglichen Ereignisse: Ereignisraum Ω

In der Formelsammlung ist auf Seite 28 eine Übersicht über die Symbole der Wahrscheinlichkeitsrechnung zu finden.

Beliebtes Beispiel: Wurf einer Münze

Ω:

Kennzeichnen Sie die möglichen Ereignisse ...

bei **zwei**maligem Werfen der Münze

Ω:

Definitionen von Wahrscheinlichkeiten

Watt is en' Wahrscheinlichkeit? Da stelle mer uns ens janz dumm un sajen esu:
Et kütt drupp ahn:

a) subjektive Wahrscheinlichkeit

▦ „Warum stehe **immer ich** in der falschen Schlange?"

▦ „Aber jetzt muss doch endlich eine 6 kommen"

▦ „Nach 15 Mal Rot im Roulette kommt jetzt bestimmt Schwarz"

... so sehr wir das alle kennen – in der Statistik beachten wir dies gar nicht.

b) klassische Definition nach Laplace

$$W(A) = \frac{\text{Anzahl der "günstigen" Ereignisse}}{\text{Anzahl der gleichmöglichen Ereignisse}} \qquad (6\text{-}7)$$

Wie groß ist die Wahrscheinlichkeit, beim zufälligen Griff in die Tüte mit 20 Gummibärchen eines der 4 roten zu ziehen?

c) statistische (empirische) Definition nach Mises W(A) = f(A)

$W(A) = f(A) \rightarrow$ relative Häufigkeit (Anteil) des Ereignisses A $\qquad (6\text{-}8)$

bei großen Stichproben (Grenzwert) als Anhalt für die *realisierte* Wahrscheinlichkeit

In der *StudierBar* sind 8 Studierende, davon zwei VWL-Studis. Wenn wir eine Person zufällig ansprechen, wie groß ist dann die Wahrscheinlichkeit, dass es ein VWL-Studi ist?

d) axiomatische Definition nach КОЛМОГОРОВ (= Kolmogorow) (vgl. Formel (6-9))

1. immer ≥ 0
2. W $(\Omega) = 1$ $\Rightarrow 0 \leq W \leq 1$
3. additiv

Axiom 1: W ist nichtnegativ: $W(A) \geq 0$

Axiom 2: W ist normiert: $W(\Omega) = 1$ (6-9)

Axiom 3: W ist additiv: $W(A \cup B) = W(A) + W(B)$ für $W(A \cap B) = 0$

Damit sind wir schon bei der ersten Wahrscheinlichkeitsrechnung, die wir in den kommenden Abschnitten besprechen.

6.3 Rechnen mit Wahrscheinlichkeiten
Calculating Probabilities

6.3.1 Additionssätze

Verwenden Sie die skizzierten Bierkästen als Basis Ihrer Antwort.

a) **Allgemeiner Additionssatz** (6-10)

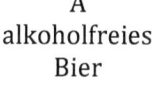

A
alkoholfreies
Bier

> Die Wahrscheinlichkeit, dass ich eine Flasche Bocksbier **oder** eine Flasche alkoholfreies Bier aus dem Kasten ziehe, ist...

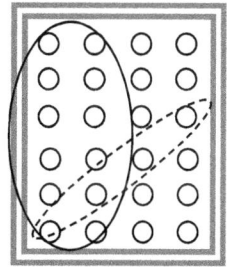

Formel: $W(A \cup B) = W(A) + W(B) - W(A \cap B)$

B
Bocksbier

> Die Wahrscheinlichkeit, dass ich eine Flasche Bocksbier Alt **oder** eine Flasche Bocksbier Blond aus dem Kasten ziehe, ist...

b) **Spezieller Additionssatz** (6-12)

A
Bocksbier
Alt

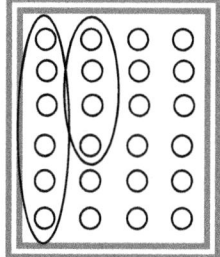

Formel: $W(A \cup B) = W(A) + W(B)$

B
Bocksbier
Blond

Auf den Punkt gebracht, wann nehmen wir den allgemeinen, wann den speziellen Additionssatz?

Für welche weiteren Fragestellungen kann die *StudierBar* diese Methoden verwenden?

> Zur Berechnung der Wahrscheinlichkeit, eine bestimmte Biersorte aus dem Kasten zu ziehen, müssen wir wissen, ob die gesuchten Sorten sich gegenseitig ausschließen oder nicht.

Aufgaben

Ü 6-5 Eine Münze wird dreimal geworfen. Erläutern Sie an diesem Beispiel die Begriffe
a. Zufallsexperiment, b. Elementarereignis c. Ereignisraum d. zusammengesetztes Ereignis
und e. Wahrscheinlichkeit. [5 Min.]

M 6-6 Ein Ereignisraum enthält 4 Elemente: Ω = {A, B, C, D}. Welche der folgenden drei
Funktionen W definiert eine Wahrscheinlichkeit auf Ω ? [4 Min.]
a. W(A) = 1/2 ; W(B) = 1/3 ; W(C) = 1/4 ; W(D) = 1/5
b. W(A) = 1/4; W(B) = 1/2 ; W(C) = -1/4 ; W(D) = 1/2
c. W(A) = 1/4 ; W(B) = 1/8 ; W(C) = 1/2 ; W(D) = 1/8

Ü 6-7 Wie groß ist die Wahrscheinlichkeit, bei einmaligem Würfeln mit einem echten
Würfel („Laplace-Würfel" = alle Zahlen gleichwahrscheinlich)
a. eine 6 zu würfeln ? [2 Min.]
b. keine 2 zu würfeln ? [2 Min.]

Ü 6-8 Wie groß ist die Wahrscheinlichkeit, aus einem Skatspiel von 32 Karten
a. entweder eine Herz-Karte oder ein Bild (Bube, Dame, König) zu ziehen? [3 Min.]
b. entweder eine Zahl (7, 8, 9, 10) oder ein Bild (Bube, Dame, König) zu ziehen? [3 Min.]

Ü 6-9 Es sei bekannt, dass die Wahrscheinlichkeit eines irreparablen Defekts an einer in
drei Jahren abzuschreibenden Werkzeugmaschine während des ersten Quartals der Nut-
zung 0,5 %, während des 2.–4. Quartals je 1,5 % und während der folgenden 8 Quartale je
2,5 % beträgt. *(Anmerkung: Ereignisse liegen nacheinander, d.h. sie schließen sich gegenseitig aus).*
a. Mit welcher Wahrscheinlichkeit wird die Maschine im ersten Jahr irreparabel defekt? [3 Min.]
b. Mit welcher Wahrscheinlichkeit wird die Maschine in den ersten beiden Jahren irrepa-
    rabel defekt? [3 Min.]

K 6-10 Wie groß ist die Wahrscheinlichkeit, beim Ausfüllen eines Kästchens (d.h.: es werden einmal 6 Zahlen in einem 49er Block angekreuzt) eines Lottoscheines sechs Richtige
anzukreuzen (ohne Berücksichtigung der Zusatzzahl) ? [4 Min.]

Ü 6-11 Wie groß ist die Wahrscheinlichkeit, aus der Menge der Buchstaben des deutschen
Alphabets bei einer Ziehung ohne Zurücklegen a) das Wort SENF und b) das Wort
STATISTIK zu ziehen ? (mit Berücksichtigung der Reihenfolge) [4 Min.]

M 6-12 In einem Statistik-Lehrbuch ist das 3. Axiom vom Kolmogorow wie folgt angegeben: "Gibt es eine abzählbare Menge von Ereignissen (A_1, A_2, ..., A_n) und schließen sich diese Ereignisse gegenseitig aus, gilt also W ($A_1 \cap A_2 \cap$ ... $\cap A_n$) = $\varnothing$
dann gilt: W ($A_1 \cup A_2 \cup$ ... $\cup A_n$) = W(A_1) + W(A_2) + ... + W(A_n)."
Welche der folgenden Aussagen ist dann richtig? [je 1,5 Min.]
a. Das Axiom ist falsch angegeben, weil es nur für 2 und nicht für n Ereignisse gilt.
b. Das Axiom ist richtig angegeben
c. Das Axiom ist falsch angegeben, weil statt W (A1 $\cap$ A2 $\cap$ ... $\cap$ An) = $\varnothing$ gefordert wer-
    den müsste: W(Ai $\cap$ Aj) = $\varnothing$ für alle i,j = 1, ..., n (i≠j).
d. Das Axiom ist überflüssig, da (A1 $\cup$ A2 $\cup$ ... $\cup$ An) = W(A1) + W(A2) + ... + W(An)
    immer gilt.

Lernschritt O – Multiplikationssätze und bedingte Wahrscheinlichkeiten

6.3.2 Multiplikationssätze und bedingte Wahrscheinlichkeiten

a) Allgemeiner Multiplikationssatz

Fallbeispiel | *StudierBar*

Beate: Das läuft ja ganz gut – hat jemand Ideen für weitere Aktionen?

Chris: „Peanuts!" Zu jedem fünften Bier darf eine Münze geworfen werden und es können kostenlose Erdnüsse gewonnen werden.

Adam: Vorsicht, nicht dass wir da ein Minus-Geschäft machen – wie groß ist denn die Wahrscheinlichkeit, dass jemand Erdnüsse gewinnt?

Zur Beantwortung dieser Frage benötigen wir **bedingte Wahrscheinlichkeiten** = Wahrscheinlichkeiten unter der Bedingung, dass andere Ereignisse bereits eingetreten sind. In diesem Fall müssen wir die Einzel-Wahrscheinlichkeiten multiplizieren.

Nach der Übung kaufen Sie in der *StudierBar* einen gemischten 6-Pack mit je 2 Flaschen Bocksbier **Alkoholfrei**, Bocksbier **Blond** und Bocksbier **Classic**.

Abends vor dem Fernseher – der Film läuft schon, daher ist es dunkel und die Etiketten nicht mehr erkennbar – nehmen Sie für sich und Ihre beiden Kumpels, einer von den beiden muss noch fahren und der andere trinkt nur Bocks Classic, 3 Flaschen aus dem 6 Pack.

Wie groß ist die Wahrscheinlichkeit, dass Sie von jeder Sorte genau eine Flasche erwischen? Genauer: Im 1. Griff A, im 2. Griff B und im 3. Griff C aus dem Kasten ziehen?

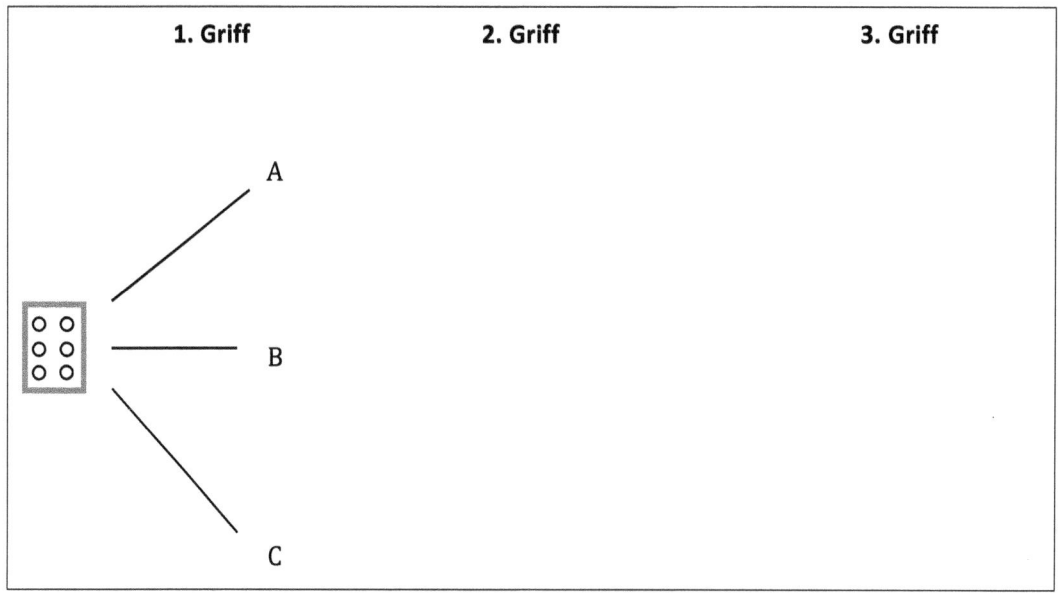

Formel: $W(A \cap B \cap C) = W(A) \cdot W(B|A) \cdot W(C| A \cap B)$ (6-17)

Beim Multiplikationssatz ist also die Wahrscheinlichkeit gesucht, dass ich eine Flasche alkoholfrei **und** eine Flasche Blond **und** eine Flasche Classic aus dem Kasten ziehe.

Wie wird diese Wahrscheinlichkeit dadurch verändert, dass ich vor dem nächsten Zug jeweils die (volle) Flasche zurück stelle?

b) Bedingte Wahrscheinlichkeiten und Stochastische Unabhängigkeit

Zur Qualitätssicherung entnimmt Chris der laufenden Produktion n = 100 selbstgebackene Kekse. Sie stellt folgende Mängel fest:

Ereignis A: bei k = 6 Keksen ist der Schoko-Anteil zu hoch

Ereignis B: bei l = 4 Keksen wird das Mindestgewicht unterschritten

m = 2 Kekse weisen beide Mängel auf.

Wie groß ist die Wahrscheinlichkeit, dass ein Keks zu schokoladig ist, wenn schon festgestellt wurde, dass er zu leicht ist – oder allgemein:
Wie groß ist die Wahrscheinlichkeit von A, wenn der Zustand B gegeben ist?

Zur Lösung brauchen wir die Formeln für Bedingte Wahrscheinlichkeiten:

$$W(B|A) = \frac{W(A \cap B)}{W(A)} \text{ [mit } W(A) > 0] \text{ lies: „W von B gegeben A")} \tag{6-14}$$

$$W(A|B) = \frac{W(A \cap B)}{W(B)} \text{ [mit } W(B) > 0] \text{ lies: „W von A gegeben B")} \tag{6-15}$$

Also *schrittweise*: Zunächst die einzelnen Wahrscheinlichkeiten:

W (A) =

W(B) =

W(A ∩ B) =

und somit die bedingte Wahrscheinlichkeit:

c) Spezieller Multiplikationssatz

Es seien die Ereignisse A, B, C mit W(A) > 0, W(B) > 0 und W(C) > 0, dann sind die Ereignisse A und B **voneinander (stochastisch) unabhängig**, wenn A unabhängig von B ist (6-18 b) *und* B unabhängig von A (6-18 a):

$$W(B \mid A) = W(B \mid \overline{A}) = W(B) \qquad \text{und} \qquad \text{(6-18 a)}$$

$$W(A \mid B) = W(A \mid \overline{B}) = W(A) \qquad \qquad \text{(6-18 b)}$$

Analog sind die Ereignisse A, B und C voneinander (stochastisch) unabhängig, wenn gilt:

$$W(A \mid B) = W(A \mid C) = W(A \mid B \cap C) = W(A) \qquad \text{und} \qquad \text{(6-19 a)}$$

$$W(B \mid A) = W(B \mid C) = W(B \mid A \cap C) = W(B) \qquad \text{und} \qquad \text{(6-19 b)}$$

$$W(C \mid A) = W(C \mid B) = W(C \mid A \cap B) = W(C) \qquad \qquad \text{(6-19 c)}$$

Ziehungen mit Zurücklegen sind automatisch stochastisch unabhängig.

Sie sollen den Absatz der *StudierBar* für die nächsten 3 Jahre prognostizieren.

Ereignis A: mit einer Wahrscheinlichkeit von 2/3 steigt der Absatz
Ereignis B: mit einer Wahrscheinlichkeit von 1/3 sinkt der Absatz

Frage: Wie sieht Ihre Prognose aus?
Wie groß ist die Wahrscheinlichkeit, dass der Absatz 3 mal steigt ?

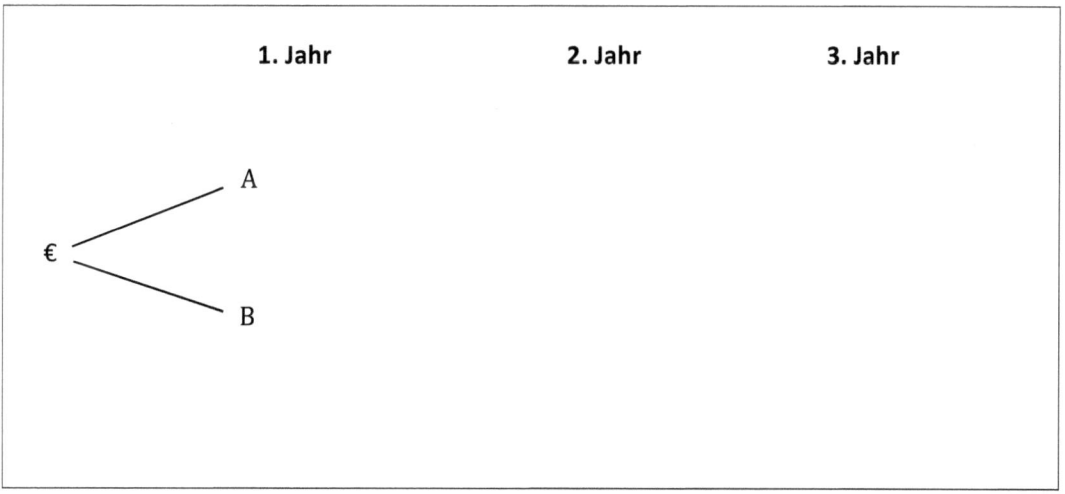

Formel: $W(A \cap B) = W(A) \cdot W(B)$ (6-20)
hier: $W(A \cap B \cap C) = W(A) \cdot W(B) \cdot W(C)$ (6-21)

⇨ Wahrscheinlichkeit einer Steigerung im 1. Jahr **und** im 2. Jahr **und** im 3. Jahr.

Also hier die Frage nach $W(A_{1.Jahr} \cap A_{2.Jahr} \cap A_{3.Jahr})$

Anwendungen

Das Ziegenproblem

... beschreibt die Situation, in der ein Kandidat eine von drei möglichen Türen öffnen kann. Hinter einer der Türen steht ein Auto (Gewinn), hinter den beiden anderen Türen eine Ziege (Niete). Der Kandidat weiß nicht, was hinter welcher Tür steht. Der Moderator weiß es. Der Kandidat entscheidet sich für eine Tür. Diese wird aber zunächst nicht geöffnet. Jedoch öffnet der Moderator eine der beiden anderen Türen, hinter der eine Ziege steht. Jetzt sind noch zwei Türen geschlossen. Hinter einer steht das Auto, hinter der anderen eine Ziege. Der Moderator fragt jetzt den Kandidaten, ob er bei seiner Wahl bleibt oder vielleicht doch lieber die andere Tür wählen möchte. In diesem Moment steht der Kandidat vor einer Entscheidung, die als Ziegenproblem bekannt ist.

Quelle: ☝ *http://www.wilhelmlorenz.de/etc/ziege/zzprob.htm*, Abruf 13.12.17

Wie sollte er entscheiden?

Hinweis: Unter ☝ *http://www.wilhelmlorenz.de/etc/ziege/ziegenproblem.htm* finden Sie ein Programm, das die o.a. Entscheidungssituation simuliert.

Oder sehr anschaulich in einem englischen Video als „Monty Hall Problem" darstellt:
☝ *http://www.youtube.com/watch?v=mhlc7peGlGg*; auch auf Deutsch zu haben, z.B.:
☝ *http://www.youtube.com/watch?v=FX2nrCM9xAw*.

Hätten Sie das gedacht? Diskutieren Sie gerne mit!

Das Geburtstagsproblem

Wie groß ist die Wahrscheinlichkeit, dass in einem Raum mit n Personen mindestens zwei am gleichen Tag Geburtstag haben?

Oder umgekehrt: Wie viele Personen müssen in einem Raum sein, damit mit einer Wahrscheinlichkeit von über 50 % zwei am gleichen Tag Geburtstag haben?

Eine solche Frage gehen wir oft mit der „Gegenwahrscheinlichkeit" an. Wir rechnen die Wahrscheinlichkeit aus, dass das gesuchte Ereignis *nicht* eintritt.

Fröhlich erläutert z.B. unter ☝ *https://www.youtube.com/watch?v=RIBrYgEhu2g*, etwas formaler für den Excel-Gebrauch bei ☝ *http://www.excel4managers.de/index.php?page=excel-formeln-fuer-das-geburtstagsparadoxon*.

Wenn bei jedem fünften Bier eine Münze geworfen werden darf, um kostenlose Erdnüsse zu gewinnen, so ist die Wahrscheinlichkeit, dass das passiert, dass jemand das fünfte Bier erwischt **und** die richtige Seite der Münze wirft: $1/5 \cdot 1/2 = 10\,\%$. Pro 10 verkauften Bier muss die *StudierBar* also mehr verdienen als eine Packung Erdnüsse kostet.

Aufgaben

Ü 6-13 Peter und Paul trinken fast jeden Abend ein Bier. Die Wahrscheinlichkeit, dass sie eines mit oder ohne Alkohol nehmen sei jeweils 50 %. Wie groß ist die Wahrscheinlichkeit, dass beide ein alkoholfreies bestellen, wenn a) keine sonstigen Angaben vorliegen; b) bekannt ist, dass einer der beiden ein alkoholfreies bestellt hat; c) bekannt ist, dass die erste der beiden Bestellungen ein alkoholfreies Bier war? – Beachten Sie jeweils die Anzahl der „günstigen" (gefragten) und möglichen Ausgänge [6 Min.]

M 6-14 Welche Aussagen zu Wahrscheinlichkeiten beliebiger Ereignisse sind richtig? [je 1,5 Min.]

a) $W(A \cup B) = W(A) + W(B)$

b) $0 < W(A) < 1$

c) $W(A \cup B) = W(A) + W(B) - W(A \cap B)$

d) $W(A \cap B) = W(A) \cdot W(B)$

e) $0 \leq W(A) \leq 1$

Ü 6-15 Die Studentin A und der Student B bearbeiten eine Statistik-Klausur. Jede/r von ihnen hat eine Erfolgswahrscheinlichkeit von 60 %. Wie hoch ist die Wahrscheinlichkeit, dass ...

a) beide die Klausur bestehen [2 Min.]

b) genau einer von beiden die Klausur besteht [2 Min.]

c) A die Klausur besteht, B aber nicht [2 Min.]

d) keiner von beiden besteht? [2 Min.]

Ü 6-16 In einem Krankenhaus werden die Geburtskrankheiten Gelbsucht und Allgemeine Infektionen mit den Wahrscheinlichkeiten 0,05 und 0,1 angegeben. Beide Krankheiten gleichzeitig treten mit der Wahrscheinlichkeit 0,03 auf. Mit welcher Wahrscheinlichkeit hat ein Kind eine Geburtskrankheit? [4 Min.]

Ü 6-17 Computer eines bestimmten Typs weisen bei der Endprüfung zwei Arten von Fehlern auf: A = lose Kabelverbindung mit einer Wahrscheinlichkeit P(A) = 0,4 und B = defekter Prozessor mit einer Wahrscheinlichkeit P(B) = 0,15. Mit einer Wahrscheinlichkeit von 0,05 treten beide Fehler gleichzeitig auf. Wie groß ist die Wahrscheinlichkeit, dass ein Computer fehlerfrei ist? [4 Min.]

Ü 6-18 Ein Schornsteinfegermeister weiß aus langjähriger Erfahrung, dass 25 % seiner Kunden eine Reinigung des Brennofens wünschen (Ereignis A). Bei 40 % der Kunden muss eine Emissionsmessung durchgeführt werden. Bei 18 % der Kunden wird sowohl eine Reinigung als auch eine Emissionsmessung vorgenommen. Der Schornsteinfegermeister besucht einen Kunden, der eine Reinigung des Brennofens wünscht. Wie groß ist die Wahrscheinlichkeit, dass auch eine Emissionsmessung durchgeführt werden muss? [4 Min.]

Ü 6-19 Aus den Ziffern 1,2, …, 9 werden ohne Zurücklegen zufällig zwei Ziffern gezogen. Wie groß ist die Wahrscheinlichkeit, dass beide Ziffern ungerade sind (Ereignis U), wenn bekannt ist, dass ihre Summe gerade ist (Ereignis G)? [4 Min.]

Ü 0-20 Mit einem Würfel wird dreimal gewürfelt. Wie groß ist die Wahrscheinlichkeit, dass die Augenzahl 6 a) genau einmal b) genau zweimal c) genau dreimal d) mindestens zweimal gewürfelt wird? [5 Min.]

Ü 6-21 Ein Tetraeder, dessen Flächen mit 1, 2, 3 und 4 bezeichnet sind, wird sechsmal geworfen. Wie groß ist die Wahrscheinlichkeit, dass der Tetraeder mindestens einmal auf die Fläche fällt, die mit 3 bezeichnet ist ? [3 Min.]

Ü 6-22 Das Wort „PFEIFFER" wird in Buchstaben zerschnitten und in eine Urne gegeben. Wie groß ist die Wahrscheinlichkeit, dass die Buchstaben in der Reihenfolge des Wortes gezogen werden wenn a) mit Zurücklegen b) ohne Zurücklegen gezogen wird? [4 Min.]

Ü 6-23 Eine Münze wird zehnmal geworfen. Wie groß ist die Wahrscheinlichkeit, dass dabei höchstens neunmal Zahl erscheint? [3 Min.]

W 6-24 Beim einmaligen Werfen eines Würfels werden die folgenden Ergebnisse betrachtet: [4 Min.]

A: Die Augenzahl ist ungerade   B: Die Augenzahl ist größer als 2
C: Die Augenzahl ist 1 oder 5

Welche Aussagen über die Ereignisse A, B und C sind richtig? [je 1,5 Min.]

a) A und B sind unabhängig.

b) A und C sind nicht unabhängig.

c) B und C sind nicht unabhängig.

Lernschritt P – Theoretische Verteilungen

Fallbeispiel | *StudierBar*

Nachdem Beate die *StudierBar* mit ihren wahrscheinlichkeitstheoretisch untermauerten Statistiken zum erwarteten Umsatz überzeugen konnte, soll sie nun regelmäßig solche Berichte erstellen. Wahrscheinlichkeiten zu errechnen ist jetzt kein Problem mehr, allerdings oft recht umständlich bzw. aufwändig.

Kann sie es sich nicht einfacher machen und Wahrscheinlichkeiten als Funktionen darstellen, damit sie für vorgegebene x-Werte deren Wahrscheinlichkeit einfach ausrechnen kann?

Beim Spieleabend können die Studierenden eine Münze dreimal werfen und darauf wetten, wie oft „Zahl" erscheint.

Um uns der Antwort auf diese Frage anzunähern, benötigen wir ein paar theoretische Grundlagen, die in den folgenden Abschnitten dargestellt werden.

7 Die Basis – Theoretische Verteilungen
Theoretical Distributions

7.1 Zufallsvariablen
Random Variables

Eine Zufallsvariable (ZV) ist eine eindeutige reelle **Funktion**, die jedem möglichen Elementarereignis einen reellen Wert zuordnet (ZV $X = \{ x_1; x_2; x_3; ... x_n \}$)

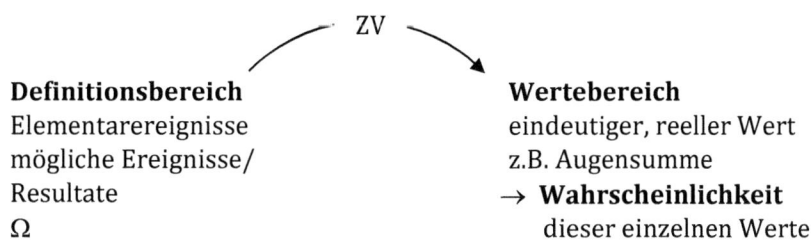

Definitionsbereich
Elementarereignisse
mögliche Ereignisse/
Resultate
Ω

Wertebereich
eindeutiger, reeller Wert
z.B. Augensumme
→ **Wahrscheinlichkeit**
dieser einzelnen Werte

Die Wahrscheinlichkeitsfunktion weist Ausprägungen einer Zufallsvariable **Einzelwahrscheinlichkeiten** zu, wie im nächsten Abschnitt erarbeitet wird.

7.1.1 Wahrscheinlichkeits-, Dichte- und Verteilungsfunktion
Probability-, Density-, and Distribution-Function (Cumulated Density function - cdf)

Die Wahrscheinlichkeiten beim Werfen von Münzen (am Spieleabend der *StudierBar*), sind recht gut zu errechnen, weil die möglichen Ausgänge dabei sehr begrenzt sind (diskrete Zufallsvariable): Wappen (**W**) oder Zahl (**Z**). In diesem Fall **soll eine Münze dreimal geworfen** werden.

Ermittelt werden soll die Wahrscheinlichkeit, dass x-Mal Zahl geworfen wird. Die ZV X entspricht dabei der **Anzahl der geworfenen Zahlen**. f(1) gibt die Wahrscheinlichkeit an, dass einmal Zahl erscheint, f(2) gibt die, dass zweimal Zahl erscheint usw.

Wie in Kapitel 6 müssen auch hier die (Anzahl der) möglichen Ereignisse betrachtet werden, die den Ereignisraum Ω bilden:

Ω	Wahrscheinlichkeit	Zufallsvariable X	W (X=x) f(x)	F(x)
WWW				
WWZ				
WZW				
ZWW				
WZZ				
ZWZ				
ZZW				
ZZZ				
Σ				

<table>
<tr><td>

Wahrscheinlichkeitsfunktion

Wie groß ist die Wahrscheinlichkeit, dass die Zufallsvariable X den Wert x annimmt?

$$f(x) = W(X = x) \qquad (7\text{-}1)$$

</td><td>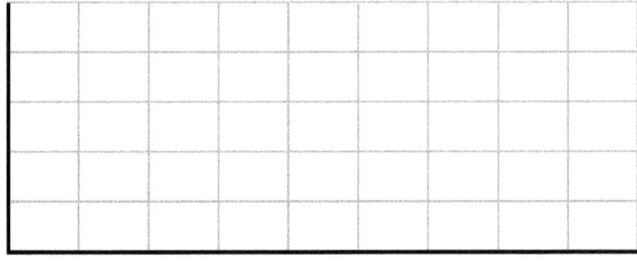</td></tr>
<tr><td>

Verteilungfunktion

Wie groß ist die Wahrscheinlichkeit, dass die Zufallsvariable X *höchstens* den Wert x annimmt.

$$F(x) = W(X \le x) = \sum_{x_i \le x} f(x_i)$$
$$(7\text{-}2)$$

</td><td>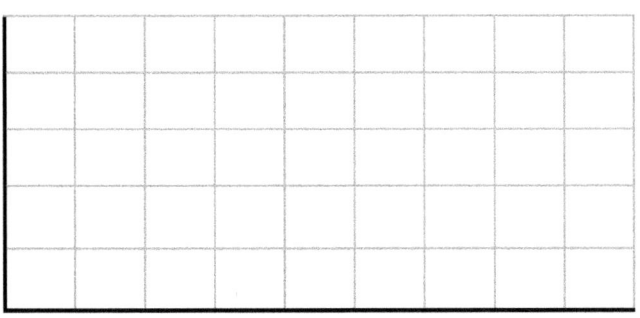</td></tr>
</table>

Wahrscheinlichkeits- und Verteilungsfunktion für das Experiment:

Würfelsumme beim einmaligen Werfen zweier Würfel

x_i = Werte der Zufallsvariablen hier: Augenzahl	Wahrscheinlichkeitsfunktion $f(x_i)$ "Chance" bzw.	Wahrscheinlichkeit	x_i = Werte der Zufallsvariablen	Verteilungsfunktion $F(x_i)$ kumulierte Wahrscheinlichkeit
2	1 / 36	2,8%	2	2,8%
3	2 / 36	5,6%	3	8,3%
4	3 / 36	8,3%	4	16,7%
5	4 / 36	11,1%	5	27,8%
6	5 / 36	13,9%	6	41,7%
7	6 / 36	16,7%	7	58,3%
8	5 / 36	13,9%	8	72,2%
9	4 / 36	11,1%	9	83,3%
10	3 / 36	8,3%	10	91,7%
11	2 / 36	5,6%	11	97,2%
12	1 / 36	2,8%	12	100,0%
Summe:	1	100%		

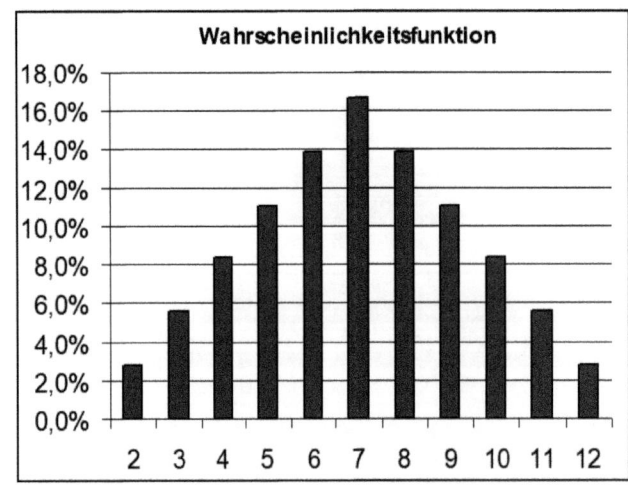

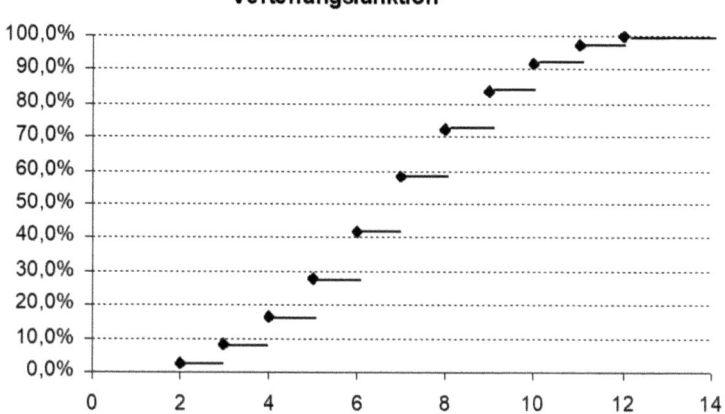

Abbildung 16: Wahrscheinlichkeits- und Verteilungsfunktion beim Werfen zweier Würfel

Betrachtung von stetigen Zufallsvariablen

Dichtefunktion (Wahrscheinlichkeitsdichte): Wahrscheinlichkeit, dass die ZV X einen Wert annimmt, der in einem infinitesimal kleinen Intervall um x liegt

$$f(x) = W(x\text{-}\varepsilon \le X \le x\text{+}\varepsilon) \quad \textit{[für } \varepsilon \to 0]} \tag{7-3}$$

$$\text{mit: } f(x) \ge 0 \quad \text{und} \quad \int_{-\infty}^{+\infty} f(x)dx = 1 \tag{7-4}$$

$$\text{Intervall: } W(a < X \le b) = \int_a^b f(x)dx \tag{7-5}$$

Verteilungsfunktion → Wahrscheinlichkeit, dass die ZV X *höchstens* den Wert x annimmt

$$F(x) = W(X \le x) = \int_{-\infty}^x f(v)dv \tag{7-6}$$

Stetige Zufallsvariablen

Eine Dichtefunktion f (x):

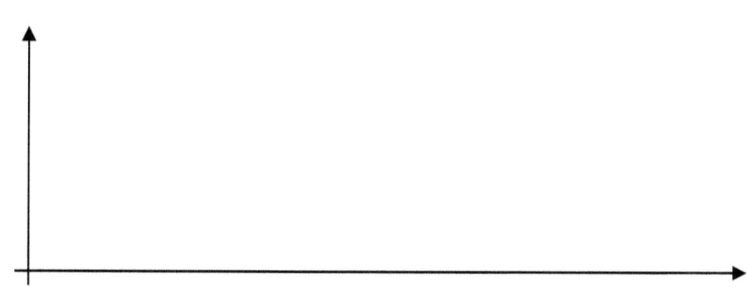

Beschriftung der Achsen nicht vergessen!

Die dazugehörige Verteilungsfunktion F (x)

Wir haben gelernt, dass die Wahrscheinlichkeitsfunktion einer diskreten und die Dichtefunktion einer stetigen Zufallsvariable uns helfen können, die Wahrscheinlichkeiten von Ereignissen zu errechnen. Im diskreten Fall ist f(x) die Wahrscheinlichkeit, dass die Zufallsvariable X genau einen Wert x annimmt, im stetigen Fall spricht f(x) über ein (sehr kleines) Intervall um den Wert x herum.

In beiden Fällen beschreibt die Verteilungsfunktion F(x) die Wahrscheinlichkeit, dass höchstens der Wert x erreicht wird.

Beides wird uns bei der Lösung von Wahrscheinlichkeits-Problemen in den folgenden Abschnitten nützlich sein.

7.1.2 Parameter von Verteilungen
Parameters of Distributions

Die „Parameter" von (theoretischen) Verteilungen kennen wir schon als „Maße" aus der deskriptiven Statistik. Schon dort halfen sie zur Beschreibung von Verteilungen, allerdings dort für empirische Verteilungen, also von tatsächlich gemessenen Daten.

Parameter beschreiben, wie Verteilungen in der Theorie aussehen – für verschiedene Werte dieser Parameter.

1) Lageparameter (Mittelwerte – vgl. die Lage*maße* in Kapitel 2)

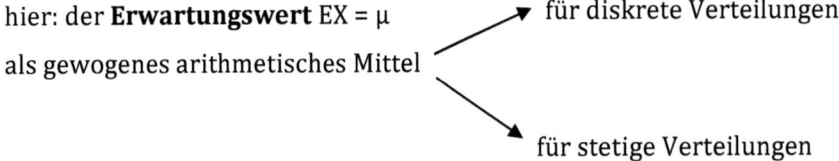

hier: der **Erwartungswert** $EX = \mu$ für diskrete Verteilungen

als gewogenes arithmetisches Mittel

für stetige Verteilungen

2) Streuungsparameter (Varianz – vgl. die Streuungs*maße* in Kapitel 2)

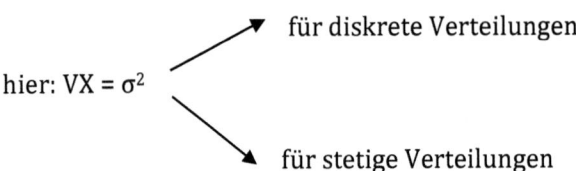

für diskrete Verteilungen

hier: $VX = \sigma^2$

für stetige Verteilungen

hier: Standardabweichung σ

Diskrete und Stetige Darstellung von Verteilungen

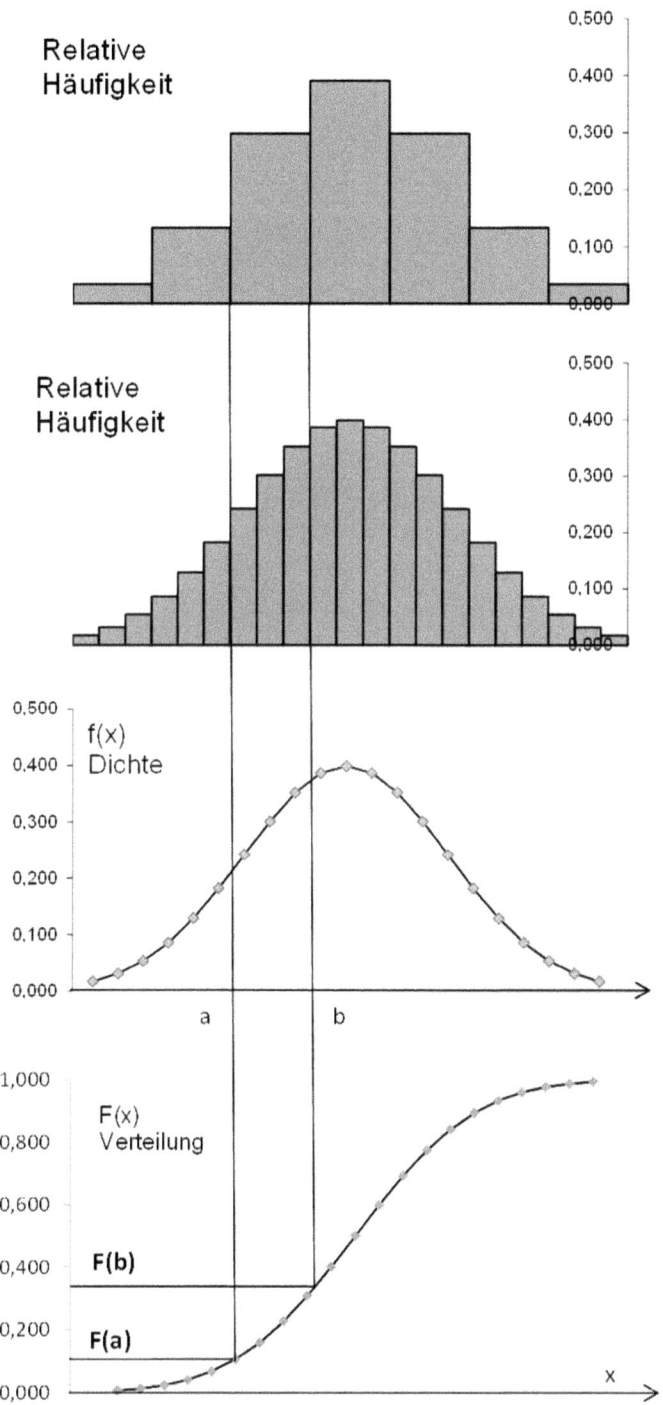

Abbildung 17: Diskrete und Stetige Darstellung von Verteilungen

Theoretische Verteilungen sind nützlich, um Wahrscheinlichkeiten schnell zu errechnen. Es müssen nicht (sehr) viele mögliche Fälle aufgeschrieben und addiert werden, sondern durch das Einsetzen der Parameter in die entsprechende Formel kann die Wahrscheinlichkeit direkt errechnet werden.

Aufgaben

Ü 7-1 Warum heißen Zufallsvariablen *Zufalls*variablen? [2 Min.]

Ü 7-2 Beschreiben Sie, was f(x) und F(x) im Falle diskreter und im Falle stetiger ZV miteinander zu tun haben, bzw. wie sie wechselseitig ermittelt werden können. Wie heißen die Funktionen jeweils? [3 Min.]

Diskrete Zufallsvariablen (ZV)

Ü 7-3 Gegeben ist folgende Verteilungsfunktion

$$F(x) = \begin{cases} 0 & \text{für} & x < 1 \\ 0{,}2 & \text{für} & 1 \le x < 3 \\ 0{,}5 & \text{für} & 3 \le x < 6 \\ 0{,}6 & \text{für} & 6 \le x < 7 \\ 1 & \text{für} & 7 \le x \end{cases}$$

Wie lautet die zugehörige Wahrscheinlichkeitsfunktion? [5 Min.]

Ü 7-4 Gegeben sei die folgende diskrete Wahrscheinlichkeitsverteilung:

x_i	1	2	4	5
$f(x_i)$	1/3	1/6	1/4	1/4

Bestimmen Sie die Verteilungsfunktion. [3 Min.]
Bestimmen Sie: W $(0 \le x < 4)$; W $(1 \le x \le 4)$; W $(1 < x < 4)$; W $(2 < x \le 5)$. [4 Min.]

Ü 7-5 Gegeben ist die Verteilungsfunktion einer diskreten Zufallsvariablen. [4 Min.]

$$F(x) = \begin{cases} 0 & \text{für} & x < 2 \\ 0{,}1 & \text{für} & 2 \le x < 3 \\ 0{,}3 & \text{für} & 3 \le x < 4 \\ 0{,}6 & \text{für} & 4 \le x < 6 \\ 0{,}7 & \text{für} & 6 \le x < 8 \\ 0{,}9 & \text{für} & 8 \le x < 9 \\ 1 & \text{für} & 9 \le x \end{cases}$$

Bestimmen Sie :

a) W $(3 < x < 6)$ [1 Min.]   b) W $(4 < x < 5)$ [1 Min.]

c) W $(2 \le x \le 6)$ [1 Min.]   d) W $(6 < x \le 9)$ [1 Min.]

Ü 7-6 Gegeben ist folgende graphische Darstellung einer Verteilungsfunktion.
Bestimmen Sie folgende Wahrscheinlichkeiten: [5 Min.]

W $(5 < x < 7)$

W $(-1 < x < 10)$

W $(x \le 5)$

W $(x = 10)$

W $(x < 5)$

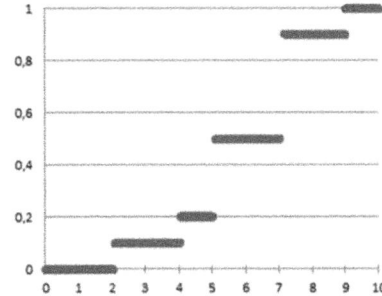

Ü 7-7 Gegeben ist die folgende Darstellung einer Verteilungsfunktion der diskreten ZV X.

Bestimmen Sie folgende Wahrscheinlichkeiten: [5 Min.]

W $(0 < x \leq 3)$

W $(1 < x < 5)$

W $(x = 4)$

W $(x = 5)$

W $(8 < x < 9)$

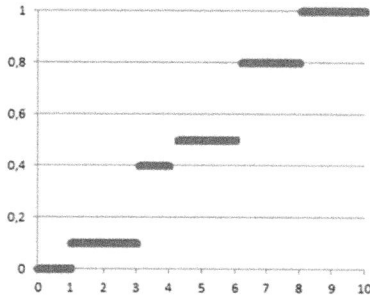

Ü 7-8 Es sei eine diskrete Zufallsvariable X mit einer Wahrscheinlichkeitsfunktion $f(x_j)$ und der Verteilungsfunktion $F(x_j)$ gegeben. Vervollständigen Sie die Tabelle [4 Min.]

j	1	2	3	4	5	6	7
$f(x_j)$	0,1			0,2		0,1	
$F(x_j)$		0,2		0,5	0,8		

Ü 7-9 Gegeben sei die folgende Wahrscheinlichkeitsverteilung:

x_j	1	2	4	6
$f(x_j)$	a/6	a/4	a/12	a

Wie groß muss a sein, damit es tatsächlich eine Wahrscheinlichkeitsverteilung ist? [4 Min.]

Ü 7-10 Gegeben sind folgende Funktionen:

a) $F(x) = \begin{cases} 0 & \text{für} & x < 0 \\ 0,5\,x & \text{für} & 0 \leq x < 2 \\ 1 & \text{für} & 2 \leq x \end{cases}$

b) $F(y) = \begin{cases} 0 & \text{für} & y \leq 0,5 \\ y^2 & \text{für} & 0,5 \leq y < 1 \\ 1 & \text{für} & 1 \leq y \end{cases}$

Zeichnen Sie die Funktionen und prüfen Sie, ob es sich um Verteilungsfunktionen handelt, und bestimmen Sie gegebenenfalls die zugehörigen Dichtefunktionen. [je 4 Min.]

Ü 7-11 In der folgenden Skizze sind sechs Funktionen dargestellt. Geben Sie zu jeder Funktion an, ob sie Dichtefunktion, Verteilungsfunktion oder weder Dichte- noch Verteilungsfunktion einer stetigen Zufallsvariablen sein kann. [3 Min.]

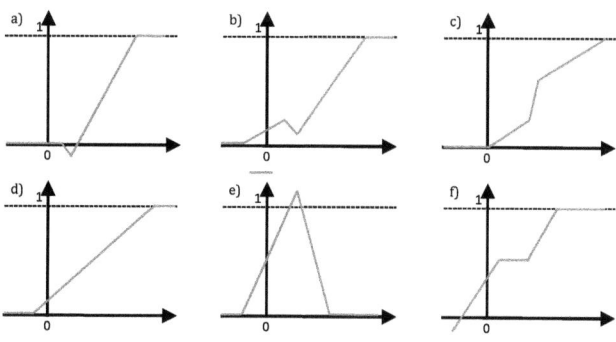

Ü 7-12 Die diskrete Zufallsvariable X hat die folgende Verteilung:

x	0	1	2	4
f(x)	0,2	0,4	0,3	0,1

Berechnen Sie Erwartungswert und Varianz. [6 Min.]

Ü 7-13 Ein kleiner Fährunternehmer besitzt ein Ruderboot, um damit Leute über einen kleinen Fluss überzusetzen. Eine Fahrt mit dem Ruderboot kostet 3 € (unabhängig von der Anzahl der Reisenden). Die Anzahl der Reisenden sei eine Zufallsvariable X mit der Wahrscheinlichkeitsverteilung:

x_j	1	2	3	4
$f(x_j)$	0,3	0,4	0,2	0,1

a) Wie viel Reisende fahren durchschnittlich mit dem Ruderboot über den Fluss? [3 Min.]

b) Mit wie viel Kosten muss jeder Reisende durchschnittlich rechnen? [3 Min.]

Ü 7-14 Eine Versicherungsagentur erzielt bei guter Konjunktur einen Monatsgewinn von 5000 Euro, bei fallender Konjunktur von 2500 Euro und in einer Rezession macht sie 3500 Euro Verlust. Die Wahrscheinlichkeit für eine gute Konjunktur sei W (S) = 0,5 und für eine zurückgehende Konjunktur W (R) = 0,3. Wie hoch ist der Erwartungswert des monatlichen Gewinns der Agentur? [3 Min.]

Ü 7-15 Sie haben sich nach Ihrem Lottogewinn 100 Aktien der SeeleKomm AG (SK) und 200 Aktien der Nord-Eis (NE) zugelegt. SK notiert zu 480 Euro und NE zu 240 Euro. Ihr Freund, der Börsenmakler Richard Risiko hat für den nächsten Börsentag vorhergesagt, dass SK mit 1/3 Wahrscheinlichkeit gleich bleibt und mit einer Wahrscheinlichkeit von 2/3 um 10 % anzieht. Dagegen befürchtet er, dass NE angesichts des kühlen Wetters 10 % seines Wertes verliert oder höchstens gleich bleibt. Die Chancen dafür ständen 50:50, meint er. Welchen Wert Ihres Aktienpaketes erwarten Sie auf dieser Basis? [4 Min.]

Lernschritt Q – Diskrete Verteilungen

7.2 Einige spezielle Verteilungen
Specific Distributions

In diesem Abschnitt betrachten wir einige Verteilungen, um eine grundlegende Idee davon zu bekommen, wie deren Parameter (vgl. 7.1.2) wirken. Wir tun dies zunächst für diskrete und dann für stetige Verteilungen – Typen von Variablen bleiben uns also weiter erhalten.

Fallbeispiel | *StudierBar*

Adam, Beate und Chris besichtigen zur Qualitätssicherung die Brauerei des Verkaufsschlagers Bocksbier. Dabei erklärt ihnen der Verantwortliche für die Flaschenproduktion, Herr Müller, dass die Wahrscheinlichkeit, dass eine Flasche defekt ist, bei 7 % liegt (worüber Herr Müller nicht besonders froh ist, weil er dies noch für viel zu hoch hält).

Als Statistikstudierende, wollen die drei natürlich wissen, wie groß die Wahrscheinlichkeit ist, dass 2 Leute aus ihrer 5er-Clique beim Kauf des nächsten 5-Packs Bocksbier mit gesundheitlichen Beeinträchtigungen aufgrund defekter Flasche rechnen müssen.

Variable X = Anzahl defekter Flaschen in einem 5-Pack Bocksbier, hier x = 2

7.2.1 Diskrete Verteilungen
Discrete Distributions

Binomialverteilung

Um Binomialverteilungen handelt es sich, wenn es nur zwei Ereignisse auftreten können, bzw. ein Merkmal nur zwei Ausprägungen annehmen kann. Dabei wird von einer Unabhängigkeit („mit Zurücklegen") ausgegangen (oder davon, dass die Grundgesamtheit *sehr groß* ist, so dass sich durch das Entnehmen einzelner Elemente die Einzelwahrscheinlichkeit nicht verändert, z.B. bei laufender Produktion)

z.B.: - Münze: Wappen oder Zahl

       - Würfeln: gerade oder nicht gerade (= ungerade) Augenzahl

       - Geschlecht

Fallbeispiel Bierflaschen:

Anzahl der Elemente (5-Pack)	$\rightarrow$ n = …………..
Gesucht ist Ereignis: 2 defekte Flaschen	$\rightarrow$ x = …………..
Wahrscheinlichkeit für defekte Flasche	$\rightarrow$ W (A) = p (A) = ……..
Wlk. für heile Flasche (Komplementärereignis)	$\rightarrow$ W ($\overline{A}$) = p ($\overline{A}$) = …….

	Reihenfolge der Einzelergebnisse	… und deren Wahrscheinlichkeiten

Dies können wir verallgemeinern zur Wahrscheinlichkeitsfunktion der Binomialverteilung, die für alle beliebigen x-Werte ermittelt werden kann:

$$f(x|n; p) = W(X = x) = \binom{n}{x} \cdot p^x \cdot (1 - p)^{n-x} \qquad (7\text{-}12)$$

Tun wir das einmal mit dem o.a. Beispiel: (wie groß ist die Summe aller Wahrscheinlichkeiten?)

x	Ermittlung der Wahrscheinlichkeit	Wlk.
0		
1		
2		
3		
4		
5		
Σ		

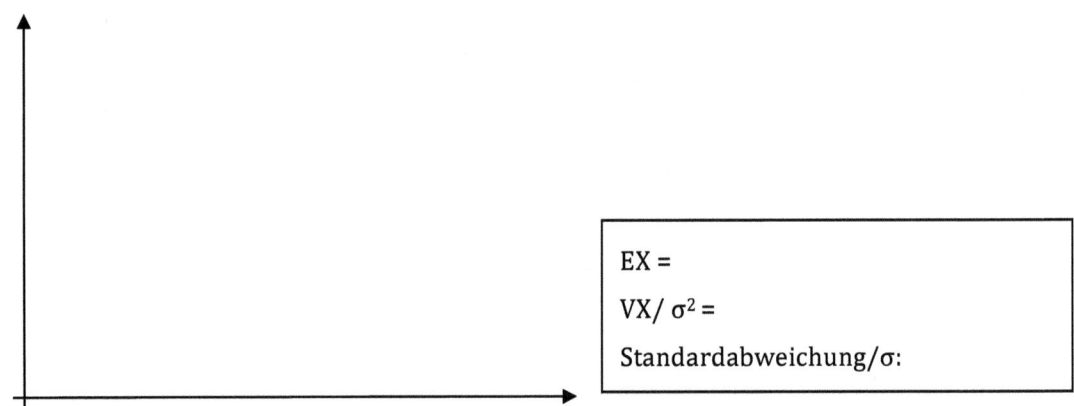

EX =

VX/ σ^2 =

Standardabweichung/σ:

Anmerkung:
Es lohnt sich ein Blick auf die interaktive Binomialverteilung bei
👆 *https://matheguru.com/stochastik/binomialverteilung.html*

Multinomialverteilung

Bei der Multinomialverteilung gibt es nicht nur zwei mögliche Ergebnisse/Ereignisse, sondern viele verschiedene.

Die Academic Doughnuts sind sehr beliebt. Leider sind Sie in 13 % der Fälle etwas zu süß und in 12 % ist zu wenig Creme enthalten. Fünf Studierende kaufen Doughnuts. Wie groß ist die Wahrscheinlichkeit, dass einer zu süß, einer zu wenig Creme enthält und drei genau richtig sind?

Formel:

$$f_{1,2,\ldots k}(x_1, x_2, \ldots x_k) = W(X_1 = x_1, \ldots X_k = x_k) = \frac{n!}{x_1! \cdot x_2! \cdot \ldots \cdot x_k!} \cdot p_1^{x_1} \cdot p_2^{x_2} \cdot \ldots \cdot p_k^{x_k} \qquad (7\text{-}15)$$

mit: $\sum_{i=1}^{k} x_i = n$ und $\sum_{i=1}^{k} p_i = 1$ \qquad (7-16)

Hypergeometrische Verteilung

Da die Annahme der Unabhängigkeit nur bei großen Grundgesamtheiten und/oder in der laufenden Produktion sinnvoll ist, geht die hypergeometrische Verteilung von einer Abhängigkeit aus, ist aber auch nur dann anzuwenden, wenn zwei mögliche Ereignisse auftreten können.

Eigenschaften:

Poisson-Verteilung

Die Poisson-Verteilung wird vor allem dann angewandt, wenn es sich um sehr seltene Ereignisse handelt. Also sehr viele Experimente durchgeführt werden müssen, um zu einem erfolgreichen Ergebnis zu kommen (was natürlich auch heißen kann „defekte Flasche").

Eigenschaften und Beispiele:

Gleichverteilung

Gleichverteilung bedeutet, dass alle Ereignisse mit der gleichen Wahrscheinlichkeit eintreten – und damit wieder eine etwas einfachere Verteilung. Sie hat die Parameter

$$f(x) = \frac{1}{N} \tag{7-24}$$

$$EX = \mu = \sum x_i \cdot f(x_i) \quad \text{und} \quad VX = \sigma^2 = \sum (x_i - EX)^2 \cdot f(x_i) \tag{7-25}$$

Zeichnung der Wahrscheinlichkeitsfunktion beim Würfeln mit einem echten Würfel: („echter Würfel" = alle Zahlen gleich wahrscheinlich)

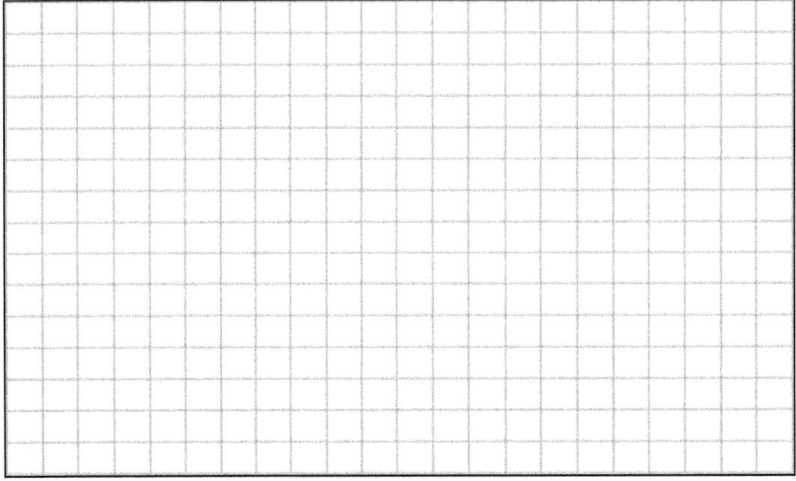

Diskrete Verteilungen sparen bei der Ermittlung von Wahrscheinlichkeiten sehr viel Arbeit, da es möglich ist, die gesuchte Wahrscheinlichkeit für die jeweilige Kombination direkt abzulesen. So ist z.B. die Binomialverteilung mit f(2|5; 0,07) = 3,94 % für die Eingangsfrage schnell ermittelt.

Bei den Doughnuts wird erwartet, dass die gefragte Situation in 13,16 % auftritt.

Zur Übersicht noch einmal ein Rückblick auf die diskreten Verteilungen (7.2.1):

Verteilung	Eigenschaften
Binomialverteilung	
Multinomialverteilung	
hypergeometrische Verteilung	
(verallgemeinerte hyper-geometrische Verteilung)	
Poisson-Verteilung	
Gleichverteilung	

Aufgaben

Ü 7-16 Eine Münze wird viermal geworfen. Wie groß ist die Wahrscheinlichkeit, dass dabei a) einmal, b) zweimal, c) dreimal Zahl auftritt? [je 2 Min.]

Ü 7-17 Studierende bestehen mit einer Wahrscheinlichkeit von 0,7 die Statistikklausur. Die Erfolge bzw. Misserfolge der einzelnen Studierenden sind unabhängig voneinander. Bestimmen Sie die Wahrscheinlichkeiten dafür, dass von 5 Studierenden a) keine/r, b) genau eine/r, c) mindestens eine/r die Klausur besteht. Wie groß ist die Wahrscheinlichkeit dass d) 3 durchfallen? [6 Min.]

Ü 7-18 An der Theke der *StudierBar* wird „Mäxchen" gespielt, ein Würfelspiel mit 2 Würfeln. Wie groß ist die Wahrscheinlichkeit, a) einen Pasch (zwei gleiche Zahlen) b) „Mäxchen" (eine 1 und eine 2) zu würfeln? [4 Min.]

Ü 7-19 Bei einer Werbeaktion dürfen die Kundinnen und Kunden würfeln. Für jede 6 gibt es einen leckeren Käsehappen. Esmeralda würfelt dreimal. Wie groß ist die Wahrscheinlichkeit, dass sie a) genau einmal b) genau zweimal c) genau dreimal d) mindestens zweimal zubeißen darf. (d.h. jeweils dies gefragte Anzahl 6en würfelt)? [4 Min.]

Ü 7-20 Aus einem Kartenspiel aus 100 Karten, das 5 Joker enthält, werden zufällig 3 Karten gezogen und aufgedeckt. Wie groß ist die Wahrscheinlichkeit dass ... a) genau 1 Joker gezogen wurde b) weniger als 2 Karten mit einem Joker darauf gezogen wurden [je 2 Min.]

Ü 7-21 Ein Spieler im Game of Clowns befehligt 6 Heere, die in eine Schlacht ziehen. Die Wahrscheinlichkeit dafür, dass ein Heer die Schlacht überlebt, sei 40 %. Wie groß ist die Wahrscheinlichkeit, dass mindestens 2 Heere die Schlacht überleben?

Lernschritt R – Stetige Verteilungen

Fallbeispiel | *StudierBar*

Adam fragt sich: Was ist, wenn es zu viele Ausprägungen gibt, um jeder einzelnen auch eine eigene Wahrscheinlichkeit zuzuordnen? Z.B. bei Umsätzen (in Euro und Cent angegeben) oder Anzahl grauer Haare bei Hochschulprofessoren? Und was hat das mit Skalen & Typen zu tun?

Gerade betrachtet er den **Durchmesser von Chocolate Chip Cookies.**

7.2.2 Stetige Verteilungen
Continuous Distributions

1) Normalverteilung (nach ihrem Erfinder, dem Astronomen, Physiker und Geographen Carl Friedrich Gauß auch „Gaußsche Glockenkurve" oder einfach Gaußverteilung genannt).

Sie ist die wichtigste Verteilung überhaupt; fast alle Schlussfolgerungen des folgenden Kapitels beruhen darauf. Tatsächlich sind in der Realität sehr viele verschiedene Merkmale aus allen Lebensbereichen „normalverteilt".

Charakteristika

▪ symmetrische Dichtefunktion (steigt zunächst überproportional, dann unterproportional bis zum Mittelwert); „um den Mittelwert gespiegelt"
▪ Der Mittelwert ist gleichzeitig häufigster Wert (Modus) und Median
▪ Dichtefunktion mit den Parametern μ und σ, die ihre Form bestimmen, siehe nächste Seite.
▪ Die übliche *Schreibweise* dafür, dass eine Zufallsvariable X einer Normalverteilung mit Mittelwert μ und Standardabweichung σ folgt, ist: $\quad X \rightarrow N(\mu, \sigma)$ $\qquad$ (7-30)

Formel $\qquad\qquad f(x|\mu, \sigma) = \dfrac{1}{\sqrt{2\prod} \cdot \sigma} \cdot e^{-\frac{1}{2}\left(\frac{x-\mu}{\sigma}\right)^2}$ $\qquad$ (7-26)

Der Durchmesser der Chocolate Chip Cookies sei normalverteilt mit dem Mittelwert 9,5 cm und einer Standardabweichung von 2 cm. Oder kürzer: $X \rightarrow N\,(9,5\,;\,2)$

Skizzieren Sie diese Verteilung:

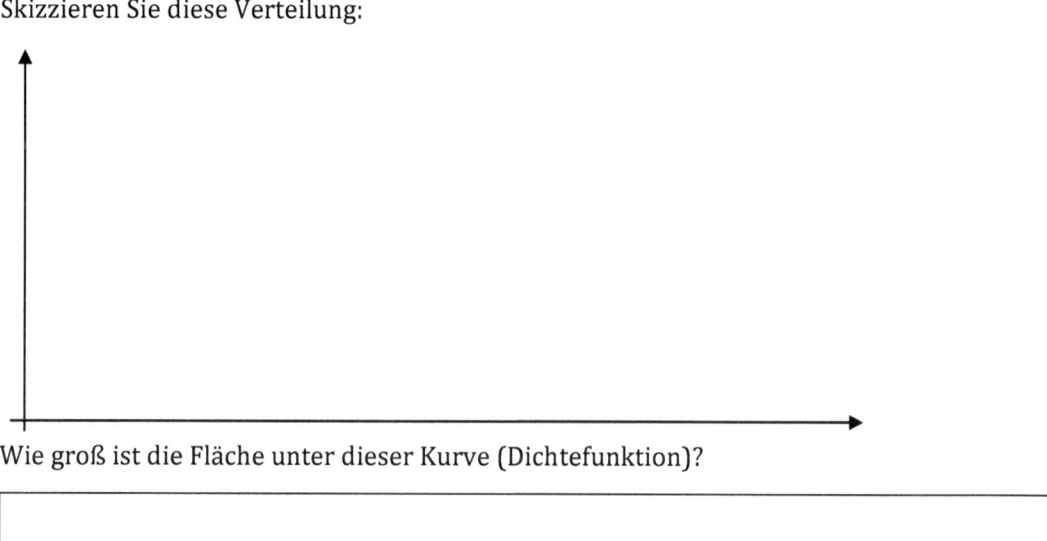

Wie groß ist die Fläche unter dieser Kurve (Dichtefunktion)?

Es gibt eine unendliche Zahl von Normalverteilungen, da diese sowohl durch μ als auch σ bestimmt werden, die beide stetig sind. Betrachten wir einige Beispiele in den folgenden Skizzen:

Lageparameter µ

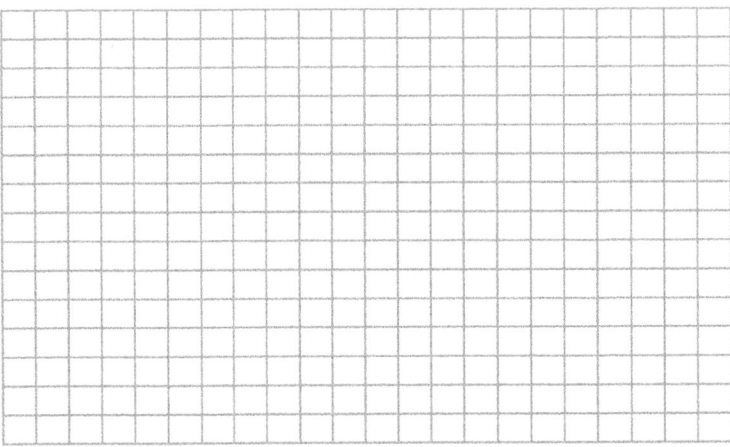

Streuungsparameter σ

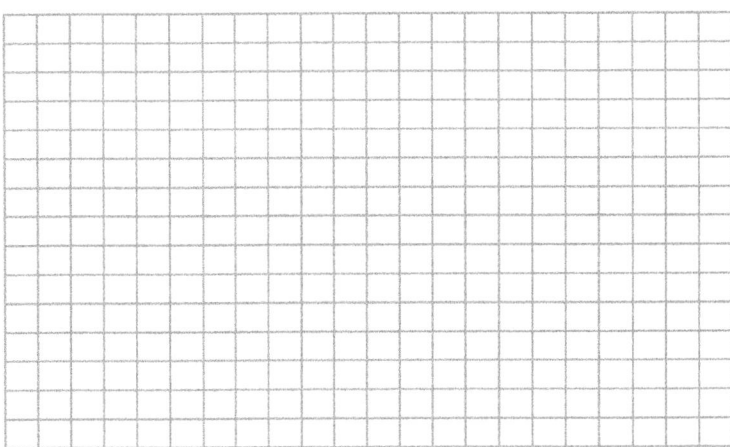

Verteilungsfunktion

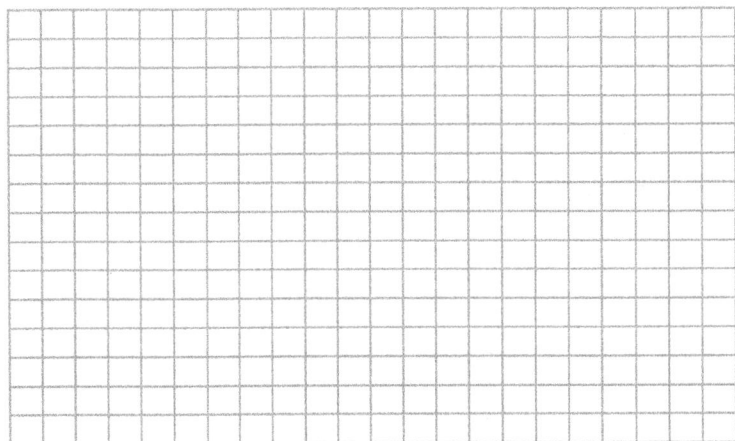

2) Standardnormalverteilung

Wenn X normalverteilt ist mit $N(\mu, \sigma)$, dann ist

$$Z = \frac{X-\mu}{\sigma} \text{ \textbf{standardnormalverteilt}} \quad [Z \rightarrow N(0, 1)] \qquad (7\text{-}31)$$

hat also einen Mittelwert μ von 0 und eine Standardabweichung σ von 1.

Die „Standardisierung" von Normalverteilungen durch die o.a. Formel ist sehr praktisch. Jede Normalverteilung kann dadurch in die Standardnormalverteilung überführt werden.

Es werden damit die x-Werte (Dimension hier z.B. cm) in z-Werte (Dimension: Standardabweichungen) transformiert. Tragen Sie dies bitte die x- und z-Werte für das o.a. Cookie-Beispiel in den Graphen ein. Bitte alle Achsen korrekt beschriften!

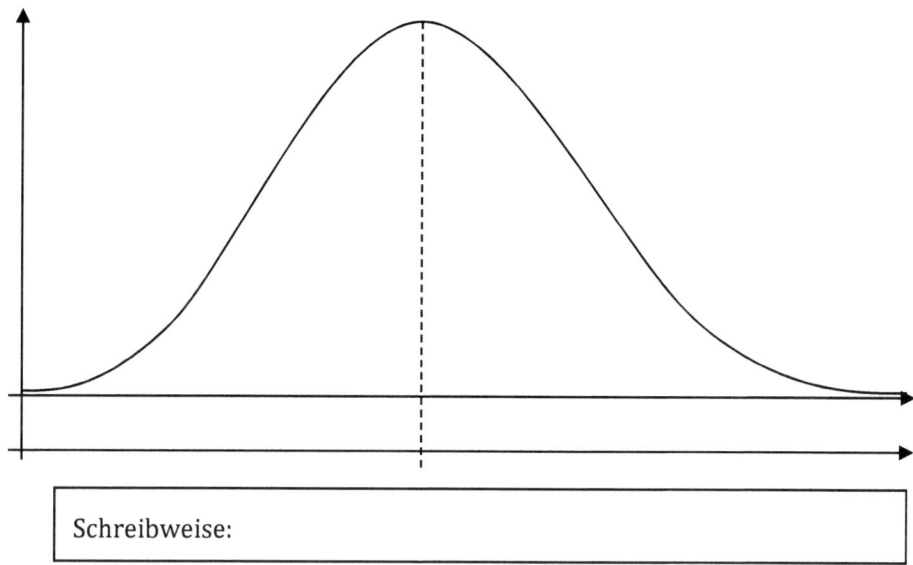

Schreibweise:

Durch diese Transformation lassen sich Wahrscheinlichkeiten aus Tabellen leicht ablesen und müssen nicht mittels der Formel aufwendig errechnet werden (☞ Formelsammlung, Tabelle 3)

Die Tabellen geben dabei die Fläche unter der Kurve an, dabei wird immer von links angefangen zu messen, also die Wahrscheinlichkeit, dass die ZV höchstens den (abgelesenen Wert) z annimmt als $F_{SN}(z)$ oder dass sie in einem symmetrischen Intervall um den Mittelwert liegt als D(z). Siehe hierzu die Abbildungen in der Formelsammlung (Tabelle 3).

Tragen Sie einige D(z)-Werte in diese Tabelle ein:

x-Intervall	z-Intervall	Fläche (=Wahrscheinlichkeit)
μ +/- 1 σ	+/- 1	
μ +/- 2 σ	+/- 2	
μ +/- 3 σ	+/- 3	

Betrachten wir im Folgenden zur Veranschaulichung ein paar Beispiele:.

(Interaktive Grafiken z.B. unter 🖑 *http://elsenaju.info/Funktionen/Gauss-Plotter.htm* oder 🖑 *https://matheguru.com/stochastik/normalverteilung.html* usw.)

Welche Wahrscheinlichkeit besteht, dass in einer 0,33 l Bocksbier-Flasche, bedauernswerterweise nicht mehr als 0,3 l oder sogar glückliche 0,369 l oder mehr enthalten sind (bei einer Standardabweichung von 0,03 l)? Kürzer ausgedrückt: X → N (0,33 ; 0,03)

a) „Nicht mehr als 0,3 Liter in der Flasche"

Rechnung:

Für die bedauernswerten Besitzer einer **0,30 l** Flasche:

mit $\;Z = \dfrac{X-\mu}{\sigma} =$ ☐

Wahrscheinlichkeit für diesen z-Wert in der ☞ Formelsammlung, Tabelle 3 ablesen.

Ergebnis:

Die Wahrscheinlichkeit, dass in meiner Bocksbier-Flasche höchstens 0,30 l enthalten sind, beträgt:

☐

b) „0,369 l oder mehr" Rechnung:

Für die glücklichen **0,369 l** oder sogar mehr:

mit $\;Z = \dfrac{X-\mu}{\sigma} =$ ☐

Wahrscheinlichkeit für diesen z-Wert in der Formelsammlung (Tabelle 3) ablesen.

Bleibt's hier dabei?

Ergebnis:

Die Wahrscheinlichkeit, dass in meiner Bocksbier-Flasche mindestens 0,369 l enthalten sind, beträgt:

☐

c) Rechnung:

Und was ist, wenn ich völlig zufrieden bin, wenn in meiner Flasche zwischen 0,30 l und 0,36 l enthalten sind?

z =

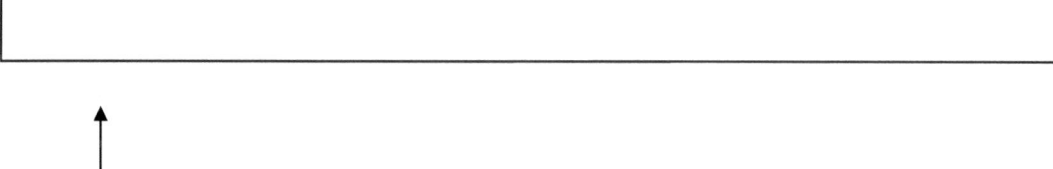

Ergebnis:

Die Wahrscheinlichkeit, dass in meiner Bocksbier-Flasche zwischen 0,3 l und 0,36 l enthalten sind, beträgt:

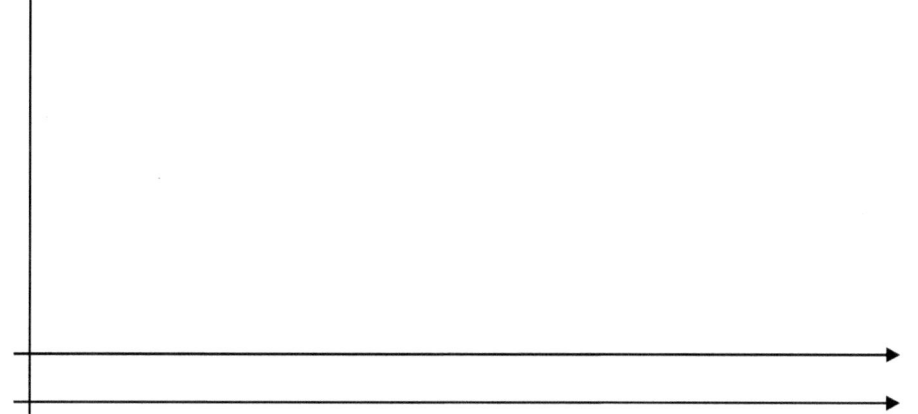

3) χ^2-Verteilung („Chi-Quadrat")

Die Werte einer chi-quadrat-verteilten Zufallsvariablen werden mit χ^2 bezeichnet.

Hier hängt die Verteilung von der Anzahl der Beobachtungen ab, die in diesem Fall als Freiheitsgrade ν bezeichnet werden; Formelsammlung (7-34)–(7-36).

Die Verteilung nimmt nur positive Werte an. Mit wachsender Zahl der Freiheitsgrade nähert sie sich der Dichtefunktion einer Normalverteilung. Es handelt sich dabei um eine Verteilung, deren graphische Darstellung für wenige Freiheitsgrade schief ist und mit wachsender Zahl der Freiheitsgrade zunehmend flacher und symmetrischer wird (anschaulich zu sehen z.B. unter 🖑 *https://matheguru.com/stochastik/chi-quadrat-test.html* usw.)

Für die Chi-Quadrat-Verteilungen siehe Formelsammlung (Tabelle 4).

4) t-Verteilung (Student-Verteilung)

Bei einer standardnormalverteilten Zufallsvariable Z und einer Zufallsvariable Y (mit ν Freiheitsgraden chi-quadrat-verteilte Zufallsvariable), die unabhängig voneinander sind, ist die Zufallsvariable

$$T = \frac{Z}{\sqrt{\frac{Y}{\nu}}}$$ student-verteilt oder t-verteilt mit ν Freiheitsgraden (Anz. Beobachtungen)

siehe Formelsammlung (7-37)–(7-39)

Der Graph dieser Dichtefunktion verläuft flacher. Je größer die Freiheitsgrade sind, desto mehr konvergiert die Student-Verteilung gegen die Standardnormalverteilung. (vgl. z.B. 🖑 *https://matheguru.com/stochastik/t-verteilung-students-t-verteilung.html* usw.)

Für die t-Verteilungen siehe Formelsammlung (Tabelle 5).

Für Interessierte: Recherchieren Sie, was W. S. Gossets Student-Verteilung mit Guinness zu tun hat.

> Stetige Verteilungen ermöglichen es – analog zu den diskreten – für einzelne gesuchte Werte die entsprechenden Wahrscheinlichkeiten anzugeben.
>
> Damit wir dabei nicht rechnen müssen, verwenden wir die Tabellen am Ende der Formelsammlung.

Aufgaben

Ü 7-22 Die Zufallsvariable Z sei N (0;1)-verteilt. Bestimmen Sie: [je 1 Min.]

a) W (0 < Z ≤ 2,4), b) W (-1,3 < Z ≤ 0), c) W (-0,8 ≤ Z < 0,8), d) W (Z < 2,1), e) W (Z > -0,1), f) W (0,2 < Z < 1,6).

Ü 7-23 Z sei N (0;1)-verteilt. Bestimmen Sie A, B, C und D aus: [je 1 Min.]

a) W (Z < A) = 0,6, b) W (Z > B) = 0,8, c) W (|Z| < C) = 0,6, d) W (|Z| > D) = 0,3.

Ü 7-24 Die Zufallsvariable X sei N (100;10)-verteilt. Bestimmen Sie A, B und C aus: [4 Min.]

a) W (X < A) = 0,7, b) W (X > B) = 0,65, c) W (|X - 100| < C) = 0,5.

Ü 7-25 Das Füllgewicht von Studierendenfutter sei normalverteilt mit $\sigma = 5$. Der Erwartungswert μ sei durch Änderungen an der Füllmaschine zu beeinflussen, dabei wird σ nicht verändert. Wie groß ist μ mindestens zu wählen, damit höchstens 3 % der Säcke ein Gewicht von weniger als 50 gr haben? [4 Min.]

Ü 7-26 Bei einer Lieferung von Präzisionsteilen sei deren Durchmesser normalverteilt mit $\mu = 0{,}614$ mm und $\sigma = 0{,}007$ mm. Wie viel Prozent Ausschuss sind zu erwarten, wenn der Durchmesser der Teile a) mindestens 0,600 mm, b) höchstens 0,620 mm betragen soll? [3 Min.]

Ü 7-27 T sei studentverteilt mit 30 Freiheitsgraden. Bestimmen Sie t_1 bzw. t_2 so, dass a) $W(T \leq t_1) = 0{,}90$ und b) $W(|T| > t_2) = 0{,}1$. [4 Min.]

Ü 7-28 Die Länge von Gehwegplatten sei normalverteilt mit $\mu = 400$ mm und $\sigma = 5$ mm. [4 Min.]

a) Wie groß ist der Ausschussanteil, wenn die minimale Länge der Platten 390 mm betragen soll?

b) Wie groß ist die Wahrscheinlichkeit, dass eine Platte nicht länger als 407,5 cm ist?

Ü 7-29 Bei einer Klausur mit einer maximalen Punktzahl von 100 seien die Ergebnisse (näherungsweise) normalverteilt mit $\mu = 60$ und $\sigma = 10$. Bestimmen Sie den Anteil der Studierenden

a) die durchgefallen sind, wenn zum Bestehen der Klausur mindestens 50 Punkte erforderlich sind [2 Min.]

b) die die Note „gut" erhalten, wenn diese für Punktzahlen von 80 bis 95 (jeweils einschließlich) vergeben wird. (Hinweis: verwenden Sie 0,5 Pkt.-Schritte, x stetig) [2 Min.]

c) Auf welchen Wert muss die Mindestpunktzahl festgelegt werden, wenn nicht mehr als 10 % der Studierenden durchfallen sollen? [2 Min.]

Ü 7-30 Der Durchmesser von Stehbolzen sei als Zufallsvariable $X \to N(201{,}40)$ verteilt.

a) Zeichnen Sie die Dichtefunktion mit einer X- und einer Z-Achse (Achsen beschriften !). Zeichnen Sie die Werte 140, 160 und 280 auf der X-Achse und die entsprechenden Werte auf der Z-Achse ein. [7 Min.]

b) Zeichnen Sie die zugehörige Verteilungsfunktion. Markieren Sie den Funktionswert für $x_j = 160$ (ablesen aus Tabelle!) auf der senkrechten Achse. Wo ist dieser Wert bei f (x) abzulesen / zu sehen? [7 Min.]

Was bedeuteten die unter a) und b) gefundenen Werte (inhaltliche Aussage)? [2 Min.]

M 7-31 Die Verteilungsfunktion einer Zufallsvariablen X [MC = je 1,5 Min.]

a) gibt die Wahrscheinlichkeit dafür an, dass die ZV X einen Wert annimmt, der mindestens x ist.

b) wird durch Integration der Dichtefunktion ermittelt, wenn die ZV stetig ist.

c) wird durch Differenzieren der Wahrscheinlichkeitsfunktion ermittelt, wenn die ZV diskret ist

d) kann niemals negative Werte annehmen.

M 7-32 Entscheiden Sie jeweils, ob die Aussage richtig oder falsch ist [MC = je 1,5 Min.]

a) Die Normalverteilung hat eine symmetrische Dichtefunktion, die sich asymptotisch der Abzissenachse nähert.

b) Die Normalverteilung kann unter bestimmten Voraussetzungen als Approximation für diskrete Verteilungen dienen.

c) Bei einer Stichprobe mit n > 50, ist die Grundgesamtheit immer normalverteilt.

Lernschritt S – Zentraler Grenzwertsatz

7.2.3 Zentraler Grenzwertsatz
Central Limit Theorem

Fallbeispiel | *StudierBar*

Beate hat die Aufgabe übernommen zu prüfen ob alle verkauften Bierflaschen den Qualitätsnormen entsprechen = im Durchschnitt 0,33 l enthalten.

Eine Möglichkeit: Alle Flaschen öffnen und nachmessen, austrinken und daraus einen Mittelwert bilden. Gute Idee?

Nüchtern betrachtet: Wie finden wir eine allgemeine Beschreibung des Mittelwertes der Grundgesamtheit?

Wir sind nun fast an dem Ziel, welches zu Beginn des Teils II genannt wurde: Dem **Schluss von der Stichprobe auf die Grundgesamtheit**.

Die Aussage des Zentralen Grenzwertsatzes ist, dass die Mittelwerte der Verteilungen von Stichproben aus einer gemeinsamen Grundgesamtheit normalverteilt sind – mit einem Mittelwert μ, der dem der Grundgesamtheit entspricht und einer Standardabweichung, die aus derjenigen der Grundgesamtheit berechnet werden kann.

Im Normalfall kennen wir die wahre Verteilung der Grundgesamtheit und deren Parameter nicht. Zum Verständnis nehmen wir aber einmal an, wir kennen sie – und bleiben beim Bocks-Beispiel: $\mu = 0,33$ und $\sigma = 0,03$. Skizzieren Sie eine solche Normalverteilung im oberen Diagramm zum Zentralen Grenzwertsatz (s.u.).

Wir gehen davon aus, wir haben vier Stichproben entnommen. Ermitteln Sie jeweils deren Mittelwert.

	Stichprobe 1	Stichprobe 2	Stichprobe 3	Stichprobe 4
Flasche 1	0,34	0,36	0,38	0,35
Flasche 2	0,31	0,35	0,36	0,33
Flasche 3	0,36	0,29	0,33	0,29
Flasche 4	0,29	0,30	0,30	0,38
Flasche 5	0,33	0,29	0,31	0,31
$\bar{x}$				
s	0,0270	0,0342	0,0336	0,0349

Die Standardabweichungen der Stichproben sind bereits angegeben. Skizzieren Sie diese Verteilungen im mittleren Diagramm auf der nächsten Seite. Bedenken Sie dabei, dass die Fläche unter den Dichtefunktionen immer = 1 sein muss. Was bedeutet das für das Aussehen von Verteilungen mit unterschiedlichen Standardabweichungen?

Als Verteilung der möglichen Stichprobenmittelwerte ergibt sich im unteren Diagramm zum Zentralen Grenzwertsatz die Stichprobenfunktion. Deren Standardabweichung (Standardfehler) beträgt:

$$\sigma_{\overline{X}} = \frac{\sigma}{\sqrt{n}} \tag{7-43}$$

und ist somit kleiner als die Standardabweichung der Grundgesamtheit – warum?

Skizzieren Sie diese Verteilungen im unteren Diagramm auf der nächsten Seite. Bedenken Sie dabei weiterhin, dass die Flächen unter den Dichtefunktionen immer = 1 sein muss.

Diese Stichprobenfunktion (Verteilung der Stichprobenmittelwerte) ist normalverteilt:

$$\overline{X} \to N\left(\mu, \frac{\sigma}{\sqrt{n}}\right)$$

Der Mittelwert der Stichprobenmittelwerte, also der „Mittelwert der Mittelwerte", entspricht dem der Grundgesamtheit (μ), aus dem diese Stichproben stammen. Diese ist die Basis für das folgende 8. Kapitel zum statistischen Schätzen und Testen. Aufgrund des Zentralen Grenzwertsatzes ist die Normalverteilung die Basis für das statistische Schätzen und Testen – und damit die wichtigste Verteilung in der Statistik.

Veranschaulichung des Zentralen Grenzwertsatzes

Verteilung der Grundgesamtheit

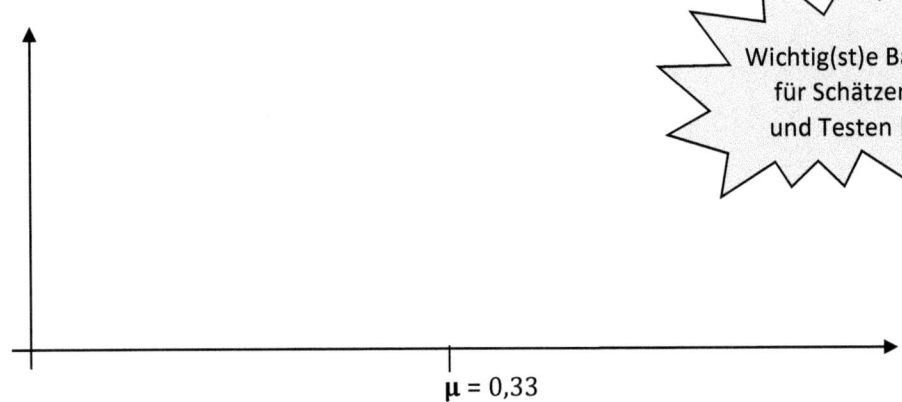

$\mu = 0{,}33$

Verteilung möglicher Stichproben

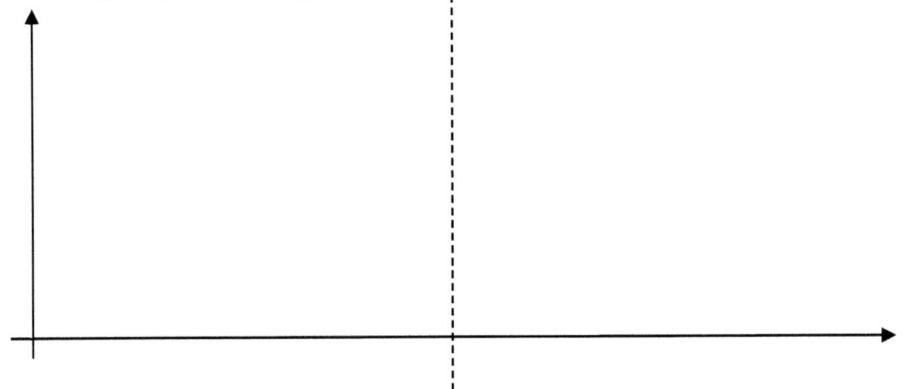

Verteilung der Stichproben<u>mittelwerte</u>

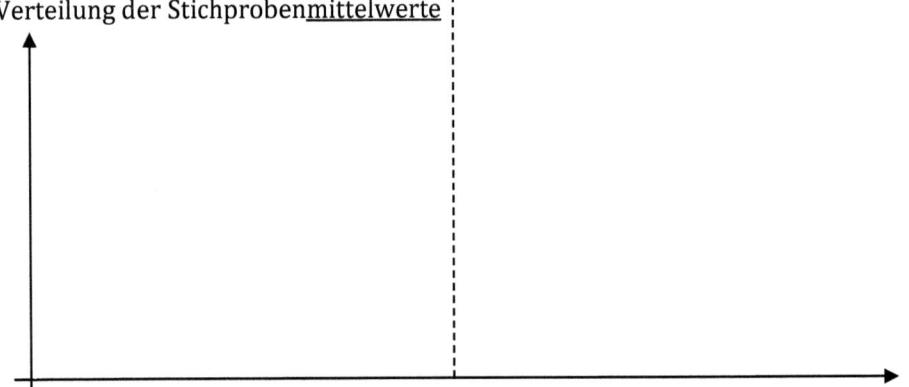

Welche Verteilung der Stichproben ist zu erwarten?

$\overline{X} = \frac{X_1 + X_2 + \cdots + X_n}{n}$ als „Mittelwert der Mittelwerte" ist normalverteilt mit:

$E\overline{X} = \mu \qquad V\overline{X} = \frac{\sigma^2}{n} \; : \; \overline{X} \rightarrow N\left(\mu, \frac{\sigma}{\sqrt{n}}\right)$

Standardabweichung (Standardfehler): $\sigma_{\overline{X}} = \frac{\sigma}{\sqrt{n}}$ siehe Formelsammlung (7-40)–(7-43)

7.2.4 Approximationen von Verteilungen
Approximation of Distributions

Unter bestimmten Bedingungen (die meistens eine hohe Anzahl von Beobachtungen voraussetzen), können Verteilungen durch andere – einfachere – Verteilungen angenähert (approximiert) werden, oft sogar so gut, dass sie fast nicht vom „Original" zu unterscheiden sind, aber eben einfacher zu berechnen.

Bei Vorliegen der angegebenen Bedingungen können Verteilungen und ihre Parameter durch andere Verteilungen angenähert (approximiert) werden.

Approximation der hypergeometrischen Verteilung durch die Binomialverteilung
$$\frac{n}{N} \leq 0{,}05$$

Approximation der Binomialverteilung durch die Poisson-Verteilung
$$n \geq 100 \; ; \; p \leq 0{,}05$$

Approximation der hypergeometrischen Verteilung durch die Poisson-Verteilung
$$\frac{n}{N} \leq 0{,}05; \; n \geq 100 \; ; \; p \leq 0{,}05$$

Approximation der Binomialverteilung durch die Normalverteilung
$$n \cdot p \cdot (1-p) > 9 \quad \left[\Rightarrow n > \frac{9}{p \cdot (1-p)}\right]$$

Approximation der hypergeometrischen Verteilung durch die Normalverteilung
$$n \cdot p \cdot (1-p) > 9 \quad \text{und} \quad \frac{n}{N} \leq 0{,}05$$

Approximation der Poisson-Verteilung durch die Normalverteilung
$$\mu > 9$$

Approximation der χ^2–Verteilung durch die Normalverteilung
$$\nu \geq 100$$

Approximation der t –Verteilung durch die Standardnormalverteilung

$\nu \geq 30$ bei normalverteilten Grundgesamtheiten

$\nu \geq 50$ bei nicht normalverteilten Grundgesamtheiten

siehe Formelsammlung (7-44)–(7-52)

Sie sehen an den letzten fünf Approximationsregeln, dass viele Verteilungen bei Vorliegen der Bedingungen – oft eine ausreichend große Anzahl von Beobachtungen/Freiheitsgraden – durch die Normalverteilung approximiert werden kann. Dies unterstreicht deren Bedeutung in der schließenden Statistik.

Der Zentrale Grenzwertsatz bildet die Basis für die statistische Schätzung gesuchter Mittel- und Anteilswerte. Auf Basis von (kleinen) Stichproben kann die gesuchte Information über die Population ermittelt werden, hier der unbekannte Parameter μ, also der Mittelwert der Population.

Lernschritt T – Schluss von der Stichprobe auf die Grundgesamtheit

Fallbeispiel | *StudierBar*

Adam fällt auf, dass auf den Chips-Tüten die Gewichtsangabe fehlt. Als guter Kneipier möchte er natürlich das korrekte Gewicht angeben, bevor er die Chips verkauft. Er wiegt die Inhalte von 64 Tüten und erhält ein $\bar{x}$ von 48,5 g und ein s von 5 g.

Frage: Können wir das Gewicht aller Chips-Tüten abschätzen, also den unbekannten Mittelwert der Grundgesamtheit? = In welchem Gewichtsintervall liegt die wahre mittlere Füllmenge der Grundgesamtheit aller Chips-Tüten dieser Sorte?

Oder etwas statistischer: Welches *Konfidenzintervall* ergibt sich für den *Mittelwert* der Grundgesamtheit bei einem Signifikanzniveau von $1 - \alpha$ = 95 %?

Beate fragt sich, ob sich dieser Aufwand lohnt. Sie möchte wissen, welcher *Anteil* der Studierenden, überhaupt Chips kauft.

8 Zum guten Schluss … von der Stichprobe auf die Grundgesamtheit
Statistical Inference

Wir kommen hiermit also zum eigentlichen Ziel der Statistik: Dem **Schätzen** von Informationen, die uns nicht vorliegen.

Wir haben eine Stichprobe, wollen aber Aussagen über die Grundgesamtheit machen. Konkret suchen wir deren wahre Parameter, die aber unbekannt sind. Erinnern Sie sich an die Beispiele in der Einleitung: Wahlprognosen, Aktienkurse, Marktforschung usw. Sie können auch einmal zu den Glühbirnen in Lernschritt M – Kombinatorik und Wahrscheinlichkeitsrechnung blättern – um solche Fragen geht es jetzt konkret.

8.1 Schätztheorie
Estimation Theory

Hier ist das Abschätzen der Parameter der Grundgesamtheit (μ und p) auf Basis derer einer Stichprobe gemeint (mit Hilfe des Zentralen Grenzwertsatzes, s.o.)

Dazu unterscheiden wir zwei Möglichkeiten:

a) Bei einer **Punktschätzung** werden die konkreten Parameter direkt durch die Statistiken der Stichprobe geschätzt.

Beispiel für eine Punktschätzung : $\mu = \bar{x}$ oder $p = \hat{p}$

Es wird also vermutet, dass der in der Stichprobe gemessene Mittelwert oder Anteilswert auch der der Grundgesamtheit ist, ggf. analog dass die in der Stichprobe gemessene Standardabweichung auch die der Grundgesamtheit ist.

Dies ist praktisch und schnell gemacht, aber in der Regel mindestens sehr ungenau, meistens falsch!

b) Daher behandeln wir im Folgenden **Intervallschätzungen.**

Diese geben für die gesuchten Parameter ein **Schätzintervall** an, in dem dieser mit einer vorgegeben Wahrscheinlichkeit liegt. Dieses wird als **Konfidenzintervall** oder **Vertrauensbereich** bezeichnet.

Es wird davon ausgegangen, dass ein Parameter nur mit einer bestimmten Wahrscheinlichkeit (Signifikanz) vorausgesagt werden kann. Wir müssen eine Wahrscheinlichkeit wählen, mit der der Parameter im Konfidenzintervall liegt. Diese bezeichnen wir als Signifikanzniveau (1 - α), oft wird 95 % gewählt.

Für die verwendeten Symbole vgl. Formeln (8-1) ff der Formelsammlung

Zur Erinnerung noch einmal die verwendeten Symbole für Stichprobe und Grundgesamtheit:

Wiederholung Symbole	Parameter der Grundgesamtheit	Statistiken der Stichprobe
Anzahl Beobachtungen	N	n
Mittelwert	μ	$\bar{x}$
Standardabweichung	σ	s
Anteilswert	p	$\hat{p}$

8.2 Konfidenzintervalle zur Parameterschätzung
Confidence Intervals

8.2.1 Konfidenzintervall für den Mittelwert μ
Confidence Interval for the Mean

Das Konfidenzintervall ist ein symmetrisches Intervall um den Mittelwert der Stichprobe $\bar{x}$ herum. Wir müssen die Ober-(g_o) und die Untergrenze (g_u) des Intervalls errechnen.

Dazu ermitteln wir, wie viele Standardfehler $\sigma_{\bar{x}}$ rechts und links vom Stichprobenmittelwert $\bar{x}$ abgetragen werden müssen, damit in dem resultierenden Intervall (1 - α) % aller Merkmalsausprägungen liegen. Wie wir aus Kapitel 7 wissen, können wir dies als „kritischen" z-Wert in der Tabellierung der Standardnormalverteilung ablesen. Da es um das symmetrische Intervall um die Mitte der Verteilung geht, wird (1 - α) (in diesem Beispiel 0,95) in der Spalte D(z) gesucht und das dazugehörige z abgelesen.

siehe Formelsammlung (Tabelle 3)

Daraus ergibt sich das Konfidenzintervall für den Mittelwert μ:

$$W\left(\underbrace{\bar{x} - z_c\sigma_{\bar{x}}}_{\text{Untergrenze } g_u} \leq \mu \leq \underbrace{\bar{x} + z_c\sigma_{\bar{x}}}_{\text{Obergrenze } g_o}\right) = (1 - \alpha) \tag{8-17}$$

„Auf Deutsch": Auf Basis der Stichprobe schätzen wir, dass der Mittelwert der Grundgesamtheit mit einer Wahrscheinlichkeit von (1 - α) Prozent im Intervall zwischen g_u und g_o liegt.

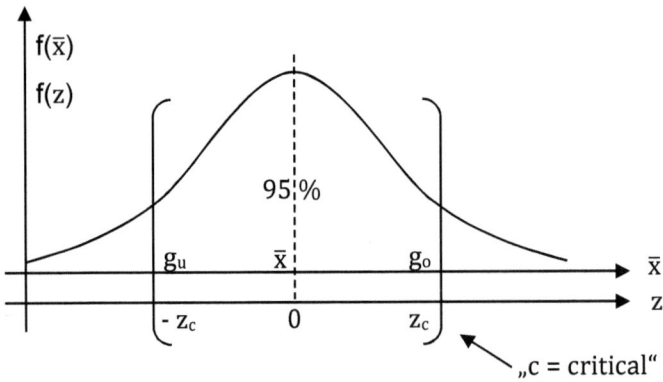

Fallunterscheidung für die Stichproben-Standardabweichung

Die Stichproben-Standardabweichung $\sigma_{\bar{x}}$ (Standardfehler), die wir für Konfidenzintervalle für den Mittelwert benötigen, ist abhängig von der Größe der Stichprobe und der Grundgesamtheit sowie deren Verteilung. Bei letzterer geht es vor allem um die Frage: Welche Verteilung der Grundgesamtheit können wir zugrunde legen? In diesem Arbeitsbuch betrachten wir die Normalverteilung (1.–3. Fall) und die t-Verteilung (4. Fall).

In der Formelsammlung sind im Abschnitt 8.2.1 diese Fallunterscheidungen genau aufgeführt (8-18)–(8-22). Es empfiehlt sich, die dortigen Bedingungen zu prüfen:

Fall	σ bekannt?	Verteilung der Grundgesamtheit	Anzahl Beobachtungen
1. Fall	ja	normalverteilt oder n > 50	
2. Fall	nein	unbekannt	n > 50
3. Fall	nein	normalverteilt	n > 30
4. Fall	nein	normalverteilt	n < 30

Für den jeweiligen Fall kann dann mit Hilfe der Formeln (8-18) bis (8-22) $\sigma_{\bar{x}}$ ermittelt werden.

$\sigma_{\bar{x}}$ wird jeweils berechnet als:

$$\sigma_{\bar{x}} = \frac{Standardabweichung}{\sqrt{Anzahl\ der\ Beobachtungen}}$$

Wenn der Grundgesamtheit ohne Zurücklegen so viele Elemente entnommen werden, dass dies die Wahrscheinlichkeit verändert (n/N > 0,05), mit der ein Element in die Stichprobe gelangt, so ist eine „Endlichkeitskorrektur" erforderlich:

$$\frac{N-n}{N-1} \qquad (8\text{-}5)$$

Überblick über Fälle für Stichprobenstandardabweichung $\sigma_{\overline{x}}$ (Standardfehler)   (8-23)

		Standardabweichung σ der Grundgesamtheit	
		bekannt	unbekannt
Stichprobe mit Zurücklegen		$\sigma_{\overline{x}} = \dfrac{\sigma}{\sqrt{n}}$	$\sigma_{\overline{x}} \approx \dfrac{s}{\sqrt{n}}$
Stichprobe ohne Zurücklegen	$\dfrac{n}{N} \leq 0{,}05$	$\sigma_{\overline{x}} = \dfrac{\sigma}{\sqrt{n}}$	
	$\dfrac{n}{N} > 0{,}05$	$\sigma_{\overline{x}} = \dfrac{\sigma}{\sqrt{n}}\sqrt{\dfrac{N-n}{N-1}}$	$\sigma_{\overline{x}} \approx \dfrac{s}{\sqrt{n}}\sqrt{\dfrac{N-n}{N-1}}$

Beispiel zum zweiseitigen Konfidenzintervall für den Mittelwert

Zurück zu Adams Frage: Wie schwer sind die Chips-Tüten? Wir schätzen – auf Basis der Stichprobe – das *zwei*seitige Konfidenzintervall für μ (also dem unbekannten Mittelwert der Grundgesamtheit):

= Ermitteln der Unter- und Obergrenzen, zwischen deren 95 % aller Chips-Tüten liegt?

(Erinnerung: 64 Stichproben ergeben $\overline{x} = 48{,}5$ g und $s = 5$ g)

$$W\left(\overline{x} - z_c \sigma_{\overline{x}} \leq \mu \leq \overline{x} + z_c \sigma_{\overline{x}}\right) = 1 - \alpha \qquad (8\text{-}17)$$

$$W\left(\qquad \leq \mu \leq \qquad\right) = 95\,\%$$

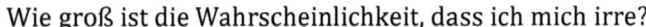

Wie groß ist die Wahrscheinlichkeit, dass ich mich irre?

Würden sie sich ändern, wenn

▨ s größer wäre, z.B. 7?

▨ n größer wäre, z.B. 100?

▨ $(1 - \alpha)$ = 90 % gewählt würde?

Interpretieren Sie diese Ergebnisse! Was lernen wir?

Beispiel zum einseitigen Konfidenzintervall für den Mittelwert

Was wäre, wenn Adam sich nur dafür interessiert, wie schwer die Chips-Tüten **mindestens**[10] sind?

→ Dann müssten wir das *ein*seitige Konfidenzintervall für μ schätzen:

= Ermitteln (nur) der Untergrenze, wobei 99 % aller Chips-Tüten-Gewichte größer sind?

(Erinnerung: 64 Stichproben ergeben $\bar{x}$ =48,5 g und s = 5 g)

Was ist anders? Wir müssen z_c anders ablesen, denn die 0,99 werden nun in der Spalte $F_{SN}(z)$ gesucht und dort das z_c abgelesen. Der exakte z-Wert liegt zwischen zwei Zeilen der Tabelle, wir können eine dritte Nachkommastelle verwenden.

$$W (\bar{x} - z_c \sigma_{\bar{x}} \leq \mu) = (1 - \alpha) \qquad (8\text{-}17)$$

$$W (\qquad \leq \mu) = 99\,\%$$

---

[10] Für eine Obergrenze („höchstens") wird das Konfidenzintervall analog gebildet.

Vergleichen Sie das ein- mit dem zweiseitigen Konfidenzintervall:

Wie groß ist jetzt die Wahrscheinlichkeit, dass ich mich irre?

Würden sie sich ändern, wenn

▪ s größer wäre, z.B. 7?

▪ n größer wäre, z.B. 100?

▪ (1 - α) = 90 % gewählt würde?

Interpretieren Sie diese Ergebnisse! Was lernen wir?

Auf Basis der von ihm erhobenen Stichprobe kann Adam abschätzen, dass – bei einem mit einer Signifikanzniveau von 95 % – das Gewicht der Chips-Tüten zwischen 47,28 und 49,72 g liegt.

Möchte er nur wissen, wie schwer die Chips-Tüten mindestens sind, ergibt sich eine Untergrenze von 47,05 g.

8.2.2 Konfidenzintervall für den Anteilswert p
Confidence Interval for the Proportion

Fallbeispiel | *StudierBar*

Zurück zu Beates Frage: Welcher *Anteil* der Studierenden kauft Chips-Tüten?

→ Wir schätzen – auf Basis einer (neuen) Stichprobe – ein zweiseitiges Konfidenzintervall für p (also dem unbekannten *Anteils*wert der Grundgesamtheit).

Beate macht sich viel Arbeit und beobachtet 225 KundInnen der *StudierBar* als Stichprobe, von denen 35 % Chips kauften.

Sie möchte auf dieser Basis den – wahren und unbekannten – Anteilswert der Grundgesamtheit schätzen = wissen, wie viel Prozent der KundInnen Chips kaufen (1 - α = 95 %).

Für die verwendeten Symbole vgl. Formeln (8-8) ff der Formelsammlung

Bei einem ausreichend großen Stichprobenumfang: $n > \dfrac{9}{p(1-p)}$ (8-24)

nehmen wir an dass der Stichprobenanteil p annähernd normalverteilt ist.

Das Konfidenzintervall für den Anteilswert ist wie folgt definiert:

$$W\left(\hat{p} - z_c\sigma_{\hat{p}} \le p \le \hat{p} + z_c\sigma_{\hat{p}}\right) = 1 - \alpha \quad (8\text{-}27)$$

$\underbrace{\phantom{\hat{p} - z_c\sigma_{\hat{p}}}}$ $\underbrace{\phantom{\hat{p} + z_c\sigma_{\hat{p}}}}$

Untergrenze   Obergrenze

Bei der Ermittlung des Standardfehlers gibt es keine Fall-Unterscheidung, es wird lediglich geprüft, ob eine Endlichkeitskorrektur erfolgen muss oder nicht:

$$\sigma_{\hat{p}} = \sqrt{\frac{\hat{p}(1-\hat{p})}{n}} \text{ bei Stichproben mit Zurücklegen oder } \frac{n}{N} \leq 0,05 \qquad (8\text{-}28)$$

$$\sigma_{\hat{p}} = \sqrt{\frac{\hat{p}(1-\hat{p})}{n}} \sqrt{\frac{N-n}{N-1}} \text{ bei Stichproben ohne Zurücklegen und } \frac{n}{N} > 0,05 \qquad (8\text{-}29)$$

Ermittlung des Konfidenzintervalls für die Chips-Nachfrage:

$$W\left(\hat{p} - z_c\sigma_{\hat{p}} \leq p \leq \hat{p} + z_c\sigma_{\hat{p}}\right) = (1 - \alpha) \qquad (8\text{-}27)$$

$$W\left(\quad \leq p \leq \quad\right) = 95\,\%$$

Möchte Beate hingegen wissen, wie groß der *Anteil* der Studierenden, die Chips-Tüten kaufen, **mindestens** ist, schätzt sie ein *ein*seitiges Konfidenzintervall für p.

Diesmal verwendet sie ein Signifikanzniveau von 90 %.

Für das einseitige Konfidenzintervalls für die Chips-Nachfrage müssen wir z_c wiederum so ablesen, dass die 0,90 in der Spalte $F_{SN}(z)$ gesucht werden. Der exakte z-Wert liegt zwischen zwei Zeilen der Tabelle, wir können eine dritte Nachkommastelle verwenden.

$$W\left(\bar{x} - z_c\,\sigma_{\hat{p}} \leq \mu\right) = (1 - \alpha) \qquad (8\text{-}27)$$

$$W\left(\quad \leq p\right) = 90\,\%$$

Fragen: Wie groß ist jeweils die Wahrscheinlichkeit, dass ich mich irre?

Interpretieren Sie diese Ergebnisse / was lernen wir?

Auf Basis ihrer Stichprobe kann Beate abschätzen, dass – bei einem mit einer Signifikanzniveau von 95 % – das der Anteil der Chips-Käufer zwischen 28,8 und 41,2 Prozent liegt.

Die Schätzung für die Untergrenze eines einseitigen Konfidenzintervalls mit einem Signifikanzniveau von 90 % ergibt 30,9 Prozent.

8.2.3 Notwendiger Stichprobenumfang
Sample Size

Nachdem Beate und Adam nun schon einige Schätzungen durchgeführt haben und dafür Daten erhoben, wird ihnen klar, dass die Genauigkeit der Schätzung (Breite des Konfidenzintervalls) stark vom Stichprobenumfang n abhängt. Da Datenerhebungen immer Zeit und damit Geld kosten, wollen sie wissen, wie groß die Stichprobe mindestens sein muss, wenn das Konfidenzintervall nicht zu groß sein soll.

Die beiden möchten abschätzen, wieviel Geld ihre Kundinnen bereit sind, für ein neues Produkt, faire Doughnuts, auszugeben. Sie möchten, dass das Konfidenzintervall nicht breiter als 50 Cent ist, also eine Abweichung von jeweils 25 Cent rechts und links vom Mittelwert nicht überschritten wird.

Beate und Adam wollen einen maximalen absoluten (Schätz-)Fehler von $\varepsilon = 0{,}25$ Euro.

Die Breite des Konfidenzintervalls ist zu beiden Seiten $z_c \sigma_{\bar{x}}$ oder genauer: $z_c \frac{\sigma}{\sqrt{n}}$.

Somit lautet die gewünschte Bedingung: $z_c \frac{\sigma}{\sqrt{n}} \leq \varepsilon$, die wir nach n auflösen können. Es ergeben sich die Formeln für den notwendigen Stichprobenumfang:

$n \geq \frac{z_c^2 \sigma^2}{\varepsilon^2}$ Stichproben mit Zurücklegen (8-30)

$n \geq \frac{z_c^2 N \sigma^2}{\varepsilon^2 (N-1) + z_c^2 \sigma^2}$ bei Stichproben ohne Zurücklegen (8-31)

Die Standardabweichung sei bekannt mit $\sigma = 2$ und $(1 - \alpha)$ sei 95 %.

Was passiert bei anderen Werten für ε, σ oder (1 - α)?

Was lernen wir daraus?

Der notwendige Stichprobenumfang für den Anteilswerte wird analog ermittelt, siehe Formelsammlung.

Um den Schätzfehler von höchstens 25 Cent einzuhalten, müssen mindestens 246 Personen befragt werden. Darf der Fehler größer sein, sinkt der notwendige Stichprobenumfang, ebenso bei geringerer Standardabweichung oder höherem α.

Aufgaben

Ü 8-1 Wie kann der Schätzfehler beim Schätzen eines Parameters einer Grundgesamtheit mittels einer Stichprobe reduziert werden? [4 Min.]

Ü 8-2 Wie kann die Genauigkeit einer Schätzung von μ mittels einer Stichprobe vergrößert werden? [2 Min.]

M 8-3 Welche der folgenden Aussagen über ein 95 %-Konfidenzintervall für den Mittelwert μ eines Merkmals X sind richtig? [je 1,5 Min.]
a) Die Intervallgrenzen sind Realisationen von Zufallsgrößen.
b) Je größer der Stichprobenumfang n ist, desto kleiner ist die Wahrscheinlichkeit, dass ein Merkmalswert außerhalb der Intervallgrenzen liegt.
c) Mit einer Wahrscheinlichkeit von 95 % liegen die Merkmalswerte von X innerhalb der Grenzen des Konfidenzintervalls.
d) Wenn α zunimmt, nimmt auch die Größe des Konfidenzintervalls zu.
e) Mit einer Wahrscheinlichkeit von 95 % überdeckt das Konfidenzintervall den tatsächlichen Mittelwert.

M 8-4 In einer Stichprobenuntersuchung wurde für die mittlere Reißfestigkeit μ von Stahlbändern zur Verpackung von Paletten (Maßeinheit: Newton) aus einer Stichprobe von 25 Stahlbändern das 95 %-Konfidenzintervall (g_u = 956; g_o = 1044) berechnet. Es war bekannt, dass die Reißfestigkeit eines Stahlbandes näherungsweise normalverteilt ist mit der Standardabweichung σ = 110. Welche der folgenden Aussagen sind richtig? [je 1,5 Min.]
a) Eine Verdopplung des Stichprobenumfangs n führt zu einer Verdopplung der Breite des Konfidenzintervalls.
b) Eine Vervierfachung des Stichprobenumfangs n führt zu einer Halbierung der Breite des Konfidenzintervalls.
c) Eine Halbierung des Stichprobenumfangs führt zu einer Vervierfachung der Breite des Konfidenzintervalls.
d) Ein 90%-Konfidenzintervall wäre breiter als das oben angegebene.

e) Mit einer Wahrscheinlichkeit von 95 % liegt die Reißfestigkeit eines Stahlbandes innerhalb der Grenzen des obigen Konfidenzintervalls.

f) Mit einer Wahrscheinlichkeit von 5 % ist die Intervallschätzung von μ falsch.

M 8-5 Welche der folgenden Aussagen über ein Konfidenzintervall für den Erwartungswert μ einer Grundgesamtheit zum Konfidenzintervall 0,95 sind richtig? [je 1,5 Min.]

a) Das Konfidenzintervall überdeckt μ mit der Wahrscheinlichkeit 0,95.

b) Ein Stichprobenwert liegt mit der Wahrscheinlichkeit 0,95 innerhalb des Konfidenzintervalls.

c) Die Wahrscheinlichkeit, dass die obere Grenze des Konfidenzintervalls kleiner als μ ist, beträgt 0,05.

d) Die Wahrscheinlichkeit, dass ein Stichprobenwert größer als die obere Grenze des Konfidenzintervalls ist, beträgt 0,025.

Ü 8-6 Erläutern Sie (in Stichworten) den Unterschied zwischen einem Wahrscheinlichkeitsintervall (Testen) und einem Konfidenzintervall (Schätzen). Wo wird welches Intervall bei Stichproben verwendet? [6 Min.]

Ü 8-7 Aus einer großen Lieferung Waschpulver werden 10 Pakete entnommen und folgende Gewichte notiert: 9,5; 10,5; 10,0; 10,0; 10,2; 10,0; 10,4; 9,6; 9,8; 10,0. Bestimmen Sie ein 95 %-Konfidenzintervall für das durchschnittliche Gewicht der Pakete in der Lieferung. Die Gewichte der Pakete seien annähernd normalverteilt. [5 Min.]

Ü 8-8 Eine Stichprobe von 64 Batterien für einen Notsender liefert eine mittlere Lebensdauer von 75 Stunden und eine Standardabweichung von 8 Stunden. Wie lange können durchschnittlich die Notsender mindestens betrieben werden? Es werden 1500 Batterien geliefert. (Signifikanzniveau $1 - \alpha = 0.90$) [5 Min.]

Ü 8-9 An einer Universität mit 30000 Studierenden kandidierte für die Wahlen zum Studierendenparlament eine neue Gruppierung mit dem Namen „Freies Unabhängiges Studierenden Team" (FRUST). Bei einer Blitzumfrage unter 625 zufällig ermittelten Studierenden ergab sich ein Anteil von 10 % Anhänger der neuen Gruppe. Schätzen Sie den Anteil der FRUST-Anhänger unter allen Studierenden mit einer Wahrscheinlichkeit von 90 %. [5 Min.]

Ü 8-10 Das Durchschnittsalter von a) 10 000 und b) 600 Studierenden soll aufgrund einer Stichprobe innerhalb eines Fehlerbereichs von 0,5 Jahren mit 95 %-iger Sicherheit bestimmt werden. Aus der Vergangenheit ist bekannt, dass die Standardabweichung drei Jahre beträgt. Bestimmen Sie die zu a) und b) benötigten Stichprobenumfänge. [4 Min.]

Ü 8-11 Unter 800 Studierenden soll der Anteil der verheirateten Studierenden innerhalb einen absoluten Fehlerbereichs von 2 % mit einer Sicherheit von a) 90 % und b) 99 % bestimmt werden. In der Vergangenheit betrug der Anteil der Verheirateten etwa 20 %. Wie groß sind die Stichproben zu wählen? [4 Min.]

Ü 8-12 Der Ausschussanteil einer Lieferung von Kalksandsteinen soll mit einer Genauigkeit von 5 % bei einem Signifikanzniveau von $1 - \alpha = 0,9545$ durch eine Stichprobenuntersuchung geschätzt werden. Berechnen Sie den notwendigen Stichprobenumfang n. [4 Min.]

Fallbeispiel | *StudierBar*

Es ist Prüfungszeit! Der neue Renner in der *StudierBar* ist der Müsliriegel „StudiFit", der den Lernerfolg bei Studierenden massiv erhöhen soll. Der Kohlenhydratgehalt dieses Müsliriegels liegt (laut Packungsaufschrift) bei 70 g.

Adam möchte sicherstellen, dass der Riegel nicht weniger Kohlenhydrate beinhaltet, damit die lernfördernde Wirkung des Müsliriegels aufrechterhalten wird.

Beate meint, die „mindestens 70 g" seien auch wichtig, aber es dürfe auch nicht mehr sein, schließlich könne dem Lernerfolg nicht die gute Figur geopfert werden.

Stimmen die Angaben auf der Packung?

Welche weiteren Vorinformationen benötigen wir?

8.3 Hypothesentests
Hypothesis Testing

Adam und Beate haben Aussagen gemacht, Behauptungen aufgestellt. Wir nennen diese **Hypothesen**.

In diesem Abschnitt betrachten wir die allgemeinen Grundlagen von Hypothesentest – der Überprüfung, ob eine Hypothese korrekt sein kann oder nicht – zunächst theoretisch, im folgenden Abschnitt 8.4 folgt die praktische Umsetzung am Beispiel.

Vorbemerkung zum Statistischen Testen

Mit Statistik lässt sich **nichts beweisen !**

Das Wort „beweisen" vergessen wir für den Rest dieser Lehrveranstaltung!

▦ Es kann lediglich gezeigt werden, dass Hypothesen falsch sind (mittels Gegenbeispiel)

  – widerlegen   Interessierte schlagen das Thema
  – ablehnen   **kritischer Rationalismus** oder
  – falsifizieren   **Falsifikation** nach!

▦ Daher wird oft nicht die gewünschte Aussage selbst untersucht, sondern das Gegenteil – in der Hoffnung, dieses Gegenteil zu widerlegen.

  – Statistisch sprechen wir bei diesen Aussagen von Hypothesen.
    Diese nummerieren wir:
  – H_0 ist die Ausgangshypothese des Tests, die untersucht wird.
    Diese kann / soll eventuell widerlegt werden.
  – H_1 ist die Gegenhypothese oder Alternativhypothese.
    Sie kann eventuelle unterstützt (belegt) werden, indem H_0 widerlegt wird.

Zurück zum Müsliriegel-Beispiel (s.o.): Stellen Sie die beiden Hypothesen H_0 und H_1 auf:

Hypothesentests – Grundlegendes zu Hypothesen
Bei statistischen Tests geht es um die Überprüfung einer Hypothese/einer Behauptung.

Dies machen wir *schrittweise* in 7 Schritten.

Die Schritte im Einzelnen:

„**0. Schritt**": Informationen über die Stichprobe und Grundgesamtheit
(je nach Typ des Tests andere oder gar keine Parameter):

	Umfang	Mittelwert	Standardabw.
Grundgesamtheit	$N = ?$	$\mu = ?$	$\sigma = ?$
Stichprobe	$n = ?$	$\bar{x} = ?$	$s = ?$

sowie: $\alpha = $ ...... (bzw. $(1 - \alpha) = $ ....)   ein- oder zweiseitiger Test ....

1. Schritt: Aufstellen der Hypothesen
- H_0 = (zu widerlegende) Ausgangsbehauptung
- H_1 = zu untersuchende Gegenbehauptung, anhand derer H_0 widerlegt werden soll

Noch einmal: Der wissenschaftlichen Logik folgend, ist es **nicht** möglich, empirisch (durch Experimente) etwas zu beweisen!

Ein einziges Gegenbeispiel würde einen solchen „Beweis" widerlegen. Dies ist auch statistisch möglich: Wenn ein Gegenbeispiel gefunden wird, kann eine Annahme (Hypothese) als widerlegt betrachtet werden, sie wird *verworfen* oder *abgelehnt*.

Aus diesem Grunde bedient sich die statistische Analyse eines „Umweges". Es wird eine Hypothese aufgestellt, um sie zu verwerfen und damit die Gegenhypothese *unterstützt*.

Es gibt zwei Hypothesen:

▪ H_0: Nullhypothese oder Ausgangshypothese

▪ H_1: Alternativhypothese

Getestet im eigentlichen Sinne wird nur die Nullhypothese H_0. Wenn Sie abgelehnt (verworfen) werden kann, bedeutet dies eine Unterstützung für die Alternativhypothese H_1.

Das logische Vorgehen ist bei ein- und zweiseitigen Tests unterschiedlich:

A. Zweiseitige Tests

Bei zweiseitigen Tests ist die Nullhypothese *immer*, dass der angenommene Parameter gleich dem tatsächlichen ist. Eine Abweichung nach oben oder unten führt zum Verwerfen dieser Hypothese.

$$H_0: \mu = \mu_0 \qquad H_1: \mu \neq \mu_0 \quad \rightarrow \quad \text{zweiseitig kritischer Bereich}$$

Bitte die Schreibweise der Symbole (Doppelpunkt und Gleichheitszeichen) genau beachten „Aussprache": „Die Nullhypothese lautet, dass der Mittelwert μ den Wert μ_0 hat".

B. Einseitige Tests

Bei einseitigen Tests ist das logische Vorgehen komplizierter:

Es wird (künstlich) eine Hypothese aufgestellt, um sie zu verwerfen.

Diese beinhaltet daher das Gegenteil dessen, was unterstützt werden soll.

$H_0: \mu \geq \mu_0$ $\quad$ $H_1: \mu < \mu_0$ $\quad$ $\rightarrow$ linksseitig kritischer Bereich

$H_0: \mu \leq \mu_0$ $\quad$ $H_1: \mu > \mu_0$ $\quad$ $\rightarrow$ rechtsseitig kritischer Bereich

$H_0: \mu = \mu_0$ $\quad$ $H_1: \mu = \mu_1$ $\quad$ $\rightarrow \mu_1 < \mu_0 \rightarrow$ linksseitig kritischer Bereich
$\quad$ $\rightarrow \mu_1 > \mu_0 \rightarrow$ rechtsseitig kritischer Bereich

$[\; H_0: \mu = \mu_0$ $\quad$ $H_1: \mu < \mu_0$ $\quad$ $\rightarrow$ linksseitig kritischer Bereich $]$

$[\; H_0: \mu = \mu_0$ $\quad$ $H_1: \mu > \mu_0$ $\quad$ $\rightarrow$ rechtsseitig kritischer Bereich $]$

Wichtig:

Falls $\bar{x}$ die Nullhypothese bereits im Vorhinein stützt, wird H_1 zur Prüfhypothese.

(Beispiel: Wenn im letzten Fall $\bar{x} < \mu_0$ ist, wird H_1 zu H_0).

2. Schritt: Festlegen der Irrtumswahrscheinlichkeit α
(bzw. des Signifikanzniveaus $1 - \alpha$)
  – ist in der Regel angegeben oder aus der Aufgabe abzuleiten
  – In der Praxis üblich sind $\alpha = 5\,\%$, auch $\alpha = 0{,}1$ oder $\alpha = 0{,}01$ werden oft verwendet – dies entscheidet dann die/der Untersuchende selbst.

3. Schritt: Gegebenenfalls Fallunterscheidung bei der Berechnung von $\sigma_{\bar{x}}$
  – σ bekannt oder unbekannt?
  – Größe der Stichprobe beachten!
siehe Formelsammlung: Fallunterscheidung $\hfill$ (8-23)

4. Schritt: Ablesen in der Tabelle (z.B. der Standardnormalverteilung F_{SN})
  – ein- und zweiseitige Hypothesen beachten!
siehe Formelsammlung (Tabelle 3)

5. Schritt: Ablesen bzw. Berechnen des kritischen Wertes
  – ein- und zweiseitige Hypothesen beachten!

6. Schritt: Anwenden der Entscheidungsregeln
  – H_0 verwerfen oder nicht verwerfen („annehmen")

7. Schritt: Interpretation der Ergebnisse
  – Wozu das Ganze? Was haben wir gelernt?

Was kann schiefgehen?

$\rightarrow$ mögliche Fehler bei statistischen Tests bzw. beim Aufstellen der Hypothesen

Bei einseitigen Tests unbedingt darauf achten, dass der Ablehnungsbereich auf der richtigen Seite überprüft wird. Das Einfachste ist, die Fragestellung mit den konkreten Zahlenwerten kurz zu skizzieren (vgl. Grafiken im folgenden Abschnitt). Ist $\bar{x}$ größer oder kleiner als μ_0? Auf Basis der Grafik ist die zu testende Seite eindeutig.

Statistische Fehler

Wird eine Hypothese abgelehnt oder angenommen, ist dies eine Entscheidung auf Basis der Daten und der zugrunde gelegten Wahrscheinlichkeiten. Wenn die Irrtumswahrscheinlichkeit $\alpha = 5\,\%$ ist, dann ist unsere Entscheidung in 95 % der Fälle richtig, aber in 5 % der Fälle irren wir uns. Dies ist der Grund, warum α „Irrtumswahrscheinlichkeit" heißt.

Wir nennen diesen Fehler (Ablehnen einer richtigen Hypothese)
$\rightarrow$ Fehler 1. Art (α-Fehler)

Wenn wir hingegen eine falsche Hypothese annehmen (nicht verwerfen), ist dies der
$\rightarrow$ Fehler 2. Art (β-Fehler)

		Tatsachen in der Grundgesamtheit	
		H_0 korrekt	H_1 korrekt
Test-Entscheidung	H_0 angenommen (nicht verworfen)	richtige Entscheidung ✓	β-Fehler (Fehler 2. Art)
	H_0 verworfen (also H_1 unterstützt)	α-Fehler (Fehler 1. Art)	richtige Entscheidung ✓

Beispiel

Nicht oft, aber leider passiert es immer mal wieder, dass jemand in der *StudierBar* nicht bezahlt, sondern sich hinsetzt und verzehrt, aber dann vor der Bezahlung verschwunden ist. Es ist nicht leicht zu erkennen, wer die Zeche prellen will. Es soll vermieden werden, alle KundInnen gleich um Bezahlung zu bitten, denn das sieht nach fehlendem Vertrauen aus. Aber wurde jemand nicht um direkte Bezahlung gebeten und verschwindet dann, fehlt das Geld in der Kasse.

H_0 sei: „Die Person ist ehrlich". Was sind die möglichen Fälle und was wäre α- und β-Fehler?

		Tatsachen in der Grundgesamtheit	
		ehrlich	„Nicht-Zahler"
Test-Entscheidung	nicht vorab kassiert		
	vorab kassiert		

Beim Aufstellen der Hypothesen müssen wir Sorgfalt walten lassen, denn nur die richtige Hypothese ermöglicht die korrekte (Test-)Entscheidung.

Aufgaben

Ü 8-13 Nennen Sie Beispiele für die Formulierung der Null- und Alternativhypothese für einen a) einseitigen und b) zweiseitigen Test. [4 Min.]

Ü 8-14 Formulieren Sie zu den nachstehenden Testprobleme je eine sinnvolle Null- und eine Alternativhypothese: [je 1,5 Min.]

a) Es soll überprüft werden, ob der durchschnittliche Intelligenzquotient von Männern (IQ_M) größer ist als der von Frauen (IQ_F).

b) Ein Bäcker möchte wissen, ob das mittlere Gewicht von Brötchen, bei ihm 50 g, noch eingehalten wird.

c) Stromaggregate haben nach Herstellerangaben einen Benzinverbrauch von μ_0 = 1,2 l /h bei einer Standardabweichung von σ = 0,05 l/h. Ein Konkurrent der Firma würde sich freuen, wenn er mit Hilfe einer Stichprobe einen höheren Durchschnittsverbrauch nachweisen könnte.

Ü 8-15 Geben Sie zu den folgenden Fragestellungen an, ob ein einseitiger oder ein zweiseitiger Test angewendet werden soll: [je 1 Min.]

a) Untersuchung, ob der Anteil der Hausmänner an den Studierenden der Fernuniversität 15 % beträgt.

b) Untersuchung, ob ein neuer Motortyp für Kraftfahrzeuge weniger Treibstoff verbraucht als andere Motoren.

c) Untersuchung, ob eine Geschwindigkeitsbegrenzung die Häufigkeit von Verkehrsunfällen mit Toten reduziert.

d) Untersuchung, ob der Anteil der Anhänger einer Partei sich seit der letzten Bundestagswahl geändert hat.

Ü 8-16 Erläutern Sie (in Stichworten) die Begriffe „Fehler 1. Art" und „Fehler 2.Art". In welcher Beziehung stehen beide Fehler zueinander und zum Stichprobenumfang n? [5 Min.]

Ü 8-17 Warum ergibt es wenig Sinn, bei einem Test ein sehr kleines Signifikanzniveau vorzugeben? [2 Min.]

Lernschritt V – Parametrische Tests

Fallbeispiel | *StudierBar*

Ergänzend zum Beispiel Müsliriegel: Der neue Renner in der *StudierBar* sind Müsliriegel „StudiFit", die den Lernerfolg bei Studierenden massiv erhöhen sollen. Der Kohlenhydratgehalt dieses Müsliriegels liegt (laut Packungsaufschrift) bei 70 g.

Adam möchte sicherstellen, dass der Riegel nicht weniger Kohlenhydrate aufweist. Damit die lernfördernde Wirkung des Müsliriegels aufrechterhalten wird.

→ einseitiger Test

Beate meint, die mindestens 70 g seien auch wichtig, aber es darf auch nicht mehr sein, schließlich dürfe dem Lernerfolg nicht ihre gute Figur geopfert werden.

→ zweiseitiger Test

Aus früheren Untersuchungen sei bekannt, dass die Standardabweichung der Gewichte bei 7 Gramm liegt (σ = 7 g). Eine zufällige Stichprobe von 100 Riegeln ergibt ein $\bar{x}$ von 68,7 g.

Frage: Stimmen die Angaben auf der Packung nun oder nicht? (mit α = 5 %)

8.4 Parametrische Tests
Parametric Tests

Noch einmal die sieben Schritte im Überblick:

0. Schritt: Informationen über die Stichprobe und Grundgesamtheit
(je nach Typ des Tests andere oder gar keine Parameter)

1. Schritt: Aufstellen der Hypothesen
- H_0 = (zu widerlegende) Ausgangsbehauptung
- H_1 = zu untersuchende Gegenbehauptung, anhand derer H0 widerlegt werden soll

2. Schritt: Festlegen der Irrtumswahrscheinlichkeit α
(bzw. des Signifikanzniveaus $1 - \alpha$)
- ist in der Regel angegeben oder aus der Aufgabe abzuleiten
- In der Praxis üblich sind α = 5 %, auch α = 0,1 oder α = 0,01 werden oft verwendet – dies entscheidet dann die/der Untersuchende selbst.

3. Schritt: Gegebenenfalls Fallunterscheidung bei der Berechnung von $\sigma_{\bar{x}}$
- σ bekannt oder unbekannt?
- Größe der Stichprobe beachten!

siehe Formelsammlung: Fallunterscheidung (8-23)

4. Schritt: Ablesen in der Tabelle (z.B. der Standardnormalverteilung F_{SN})
- ein- und zweiseitige Hypothesen beachten!

siehe Formelsammlung (Tabelle 3)

5. Schritt: Ablesen bzw. Berechnen des kritischen Wertes
- ein- und zweiseitige Hypothesen beachten!

6. Schritt: Anwenden der Entscheidungsregeln
- H_0 verwerfen oder nicht verwerfen („annehmen")

7. Schritt: Interpretation der Ergebnisse
- Wozu das Ganze? Was haben wir gelernt?

8.4.1 Testen von Mittelwerten
Testing Means

Bei diesem Test ist der Mittelwert der Grundgesamtheit unbekannt. Es gibt aber eine Vermutung (Behauptung), er betrage μ_0. Es soll nun überprüft werden, ob es sich bei μ_0 um den wahren Mittelwert μ handeln kann. Dies wird auf Basis der Stichprobe ermittelt.

Soll eine Überschreitung des Testwertes in nur eine Richtung überprüft werden, handelt es sich um einen

→ **einseitigen Test**

Für das Ablesen des z_c ergibt sich: $F_{SN}(z_c) = (1 - \alpha)$

einseitiger Test, linksseitig kritischer Bereich
kann auch abgelesen werden mittels: $F_{SN}(-z_c) = \alpha$

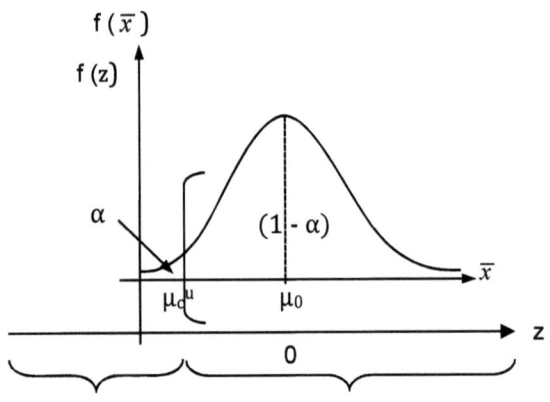

Ablehnungsbereich   Annahmebereich

Soll eine Abweichung zu beiden Seiten des Mittelwertes untersucht werden, handelt es sich um einen

→ zweiseitigen Test

Für das Ablesen des z_c ergibt sich: $D(z_c) = 1 - \alpha$
dies entspricht: $F_{SN}(z_c) = 1 - \alpha/2$

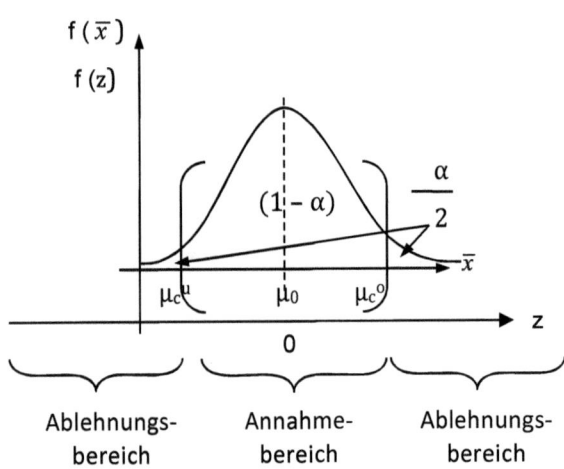

Ablehnungs-   Annahme-   Ablehnungsbereich   bereich   bereich

→ Tabellierung der Standardnormalverteilung, ☞ Formelsammlung, Tabelle 3

Ermittlung des Annahmebereiches

Um den Annahmebereich zu ermitteln, gibt es 2 Varianten, siehe Formelsammlung Kapitel 8.3.

Variante A

Testentscheidung auf Basis absoluter Werte: kritischen Grenzen μ_c (bzw. p_c), indem vom angenommenen Mittelwert μ_0 z_c Standardabweichungen in die entsprechenden Richtungen abgetragen werden:

5) $\quad \mu_c^u = \mu_0 - z_c \cdot \sigma_{\bar{x}}$ bzw. $p_c^u = p_0 - z_c \cdot \sigma_{\hat{p}}$ $\qquad$ (8-35)

$\quad \mu_c^o = \mu_0 + z_c \cdot \sigma_{\bar{x}}$ bzw. $p_c^o = p_0 + z_c \cdot \sigma_{\hat{p}}$ $\qquad$ (8-36)

6) Entscheidungsregel: Ablehnung von H_0, wenn: *(analog für Testwerte t und χ^2)*

$\quad \bar{x} < \mu_c^u$ bzw. $\hat{p} < p_c^u$ bei links- oder zweiseitigem Test $\quad$ oder $\qquad$ (8-38)

$\quad \bar{x} > \mu_c^o$ bzw. $\hat{p} < p_c^o$ bei rechts- oder zweiseitigem Test $\qquad$ (8-37)

7) Interpretation des Ergebnisses

Variante B (einfacher aber fehleranfälliger): *„Z-Test"*

Testentscheidung auf Basis der standardisierten Z-Werte

Als **Prüfgröße** ergibt sich z.B.: $z_{\bar{x}} = \frac{\bar{x} - \mu_0}{\sigma_{\bar{x}}}$, $t_{\bar{x}} = \frac{\bar{x} - \mu_0}{\frac{s}{\sqrt{n}}}$ oder $z_{\hat{p}} = \frac{\hat{p} - p_0}{\sigma_{\hat{p}}}$

womit im Grunde $\bar{x}$ bzw. $\hat{p}$ auf die Z-Achse (oder t-Achse) übertragen werden. Für die Ermittlung von $\sigma_{\bar{x}}$ ist auch hier eine Fallunterscheidung nötig.

5) Berechnung der Prüfgröße $z_{\bar{x}}$ (bzw. $t_{\bar{x}}$, $z_{\hat{p}}$, χ^2 oder t)

6) Anwendung der Entscheidungsregel (analog für die anderen Prüfgrößen)

$\quad$ wenn $|z_{\bar{x}}| > |z_c| \Rightarrow$ Ablehnung von H_0 $\qquad$ (8-39)

7) Interpretation des Ergebnisses

Statistische Tests sind ein sehr wichtiger Teil der Statistik. Aus diesem Grunde finden sich in Anhang 12.4 fertig gerechnete "Schritt-für-Schritt-Beispiele für zwei- und einseitige Tests" mit Erläuterungen.

Zurück zum Müsliriegel-Fall (Seite 152)

Adams Fragestellung:

0) Zusammenstellung der Informationen

Informationen:	Beobachtungen	Mittelwert	Standard-abweichung	Verteilung
Grundgesamtheit		$\mu_0 =$		
Stichprobe		$\bar{x} =$		
$\alpha =$ (bzw. $1 - \alpha =$)		ein- oder zweisei-tiger Test:		

1) Hypothesen: H_0:   ; H_1:   → ein- oder zweiseitiger Test ?

2) $\alpha =$

3) $\sigma_{\bar{x}} = \frac{\sigma}{\sqrt{n}} =$

4) $z_c =$

[Variante B „Z-Test"]

5) $\mu_c^u =$ $\mu_c^o =$ $z_{\bar{x}} =$

6) $\bar{x} <=> \mu_c$? $|z_{\bar{x}}| > |z_c|$?
                                   (= „kann H_0 stimmen oder nicht?")

7) **Ergebnis** (Interpretation)

Beates Fragestellung:

0) Zusammenstellung der Informationen

Informationen:	Beobachtungen	Mittelwert	Standard-abweichung	Verteilung
Grundgesamtheit		$\mu_0 =$		
Stichprobe		$\bar{x} =$		
$\alpha =$ (bzw. $1 - \alpha =$)		ein- oder zwei-seitiger Test:		

1) Hypothesen: H_0:   ; H_1:   → ein- oder zweiseitiger Test?

2) $\alpha =$

3) $\sigma_{\bar{x}} = \dfrac{\sigma}{\sqrt{n}} =$

4) $z_c =$

                                        [Variante B „Z-Test"]

5) $\mu_c^u =$ $\mu_c^o =$ $z_{\bar{x}} =$

6) $\bar{x} < = > \mu_c$? $|z_{\bar{x}}| > |z_c|$?
                                            (= „kann H_0 stimmen oder nicht?")

7) **Ergebnis** (Interpretation)

Adam und Beate kommen zu unterschiedlichen Ergebnissen. Während in Adams einseitigen Test H_0 verworfen wird ($\mu_c^u = 68{,}63$), so geschieht dies in der zweiseitigen Fragestellung nicht ($\mu_c^u = 68{,}85$).

Es ist wichtig, sich die Bestimmung der kritischen Grenzen bei ein- und zweiseitigen Fragestellungen gut vor Augen zu führen und dies bei der Aufstellung der Hypothesen zu bedenken.

8.4.2 Testen von Anteilswerten
Testing Proportions

Analoges Vorgehen, daher gleich am Beispiel:

Fett oder nicht fett? Ein wesentliches Qualitätskriterium für Käse- und Milchprodukte ist der Fettgehalt. Um eine hochwertige Produktqualität sicherzustellen, achtet die *StudierBar* verstärkt auf dieses Kriterium.

Für das Light-Produkt ist es wichtig, dass der Fettgehalt von 25 % weder überschritten (sonst zu unlight) noch unterschritten wird (aus Geschmacksgründen). Die Lieferfirma Nordkäs AG hat dies zugesichert. Chris untersucht 250 Käseproben und ermittelt einen Fettgehalt von 20,5 %. Kann die *StudierBar* das Produkt gebrauchen, wenn eine Irrtumswahrscheinlichkeit von 1 % gilt?

0. Schritt: Zusammenstellen der Informationen:

Informationen:	Beobachtungen	Anteilswert	Verteilung
Grundgesamtheit		$P_0 =$	
Stichprobe		$\hat{p} =$	$\alpha =$

1) Hypothesen: H_0:   ; H_1:   → ein- oder zweiseitiger Test ?

2) $\alpha =$

3) $\sigma_{\hat{p}} = \sqrt{\dfrac{\hat{p}(1-\hat{p})}{n}}$ →

4) $z_c =$

                               [Variante B „Z-Test"]

5) $p_c^u =$ $p_c^o =$ $z_{\hat{p}} =$

6) $\hat{p} <=> p_c^u$? $|z_p| > |z_c|$?

7) **Ergebnis** (Interpretation)

„Fleißaufgabe": Ermitteln Sie das Konfidenzintervall:

Obwohl der Stichprobenanteil von den geforderten 25 % ein gutes Stück abweicht, kann H_0 nicht verworfen werden, denn die kritische Untergrenze beträgt 18,4 Prozent und das Konfidenzintervall umfasst mehr als 14 Prozentpunkte.

Aufgaben

Ü 8-18 Das durchschnittliche Gewicht von Brötchen sei normalverteilt mit Mittelwert $\mu = 50$ g und einer Standardabweichung von $\sigma = 0,7$ g. Auf einem Signifikanzniveau von $\alpha = 2,5$ % wurde die Hypothese H_0: $\mu = \mu_0 = 50$ g gegen die Alternativhypothese H_1: $\mu > \mu_1 = 50$ g. Dem Test lag eine Zufallsstichprobe von $n = 50$ Brötchen zugrunde. [4 Min.]

a) Geben Sie die Wahrscheinlichkeit für den Fehler 1. Art (α-Fehler) an. [1 Min.]

b) Skizzieren Sie Null- und Alternativhypothese und

c) schraffieren Sie (in der Skizze) die möglichen Fehlerbereiche von α und β. [3 Min.] (wenn besprochen)

K 8-19 Ein Reifenhersteller gibt an, die Lebensdauer der von ihm produzierten Reifen betrage im Mittelwert 40.000 km und sei eine normalverteilte Zufallsvariable mit einer Standardabweichung von 6.000 km. Zur Prüfung dieser Angabe werden 400 Reifen zufällig ausgewählt. Die Überprüfung ergab eine durchschnittliche Lebensdauer von 39.400 km.

a) Prüfen Sie mit einem Signifikanzniveau von 95 %, ob aus der Stichprobenuntersuchung geschlossen werden kann, dass der vom Hersteller genannte Mittelwert zu hoch angegeben ist. [6 Min.]

b) Durch die Anwendung eines neuen Produktionsverfahrens soll sich die durchschnittliche Lebensdauer um 5.000 km erhöht haben. Eine Stichprobe von 400 Reifen ergab jetzt eine durchschnittliche Lebensdauer von 44.600 km. Testen Sie mit einer Irrtumswahrscheinlichkeit von 1 %, ob die Lebensdauer der Reifen sich auf 45.000 erhöht hat und nicht tatsächlich kleiner oder größer ist. [4 Min.]

c) Geben Sie für Aufgabe b) das Konfidenzintervall an. [2 Min.]

K 8-20 Der veraltete asphaltierte Belag des Bahnhofsplatzes einer norddeutschen Großstadt wurde durch kleine Pflastersteine erneuert. Der verantwortliche Beamte erhielt nun von mehreren Damen anonyme Briefe, die behaupteten, dass der Höchstabstand zwischen den Steinen überschritten worden wäre. Es hätte bereits eine Reihe von Vorfällen gegeben, wo sie mit ihren hochhackigen Schuhen zwischen die Steine gerutscht wären. Statt dem vorgegebenen Höchstabstand von 6 mm (dieser war mit einer Standardabweichung von 1,6 mm vereinbart worden) sei er viel breiter. Das Bauamt führte an 50 Stellen Messungen durch, um dieses zu prüfen. Die Stichprobe führte zu einem Mittelwert von 6,8 mm.

a) Formulieren Sie Null- und Alternativhypothese und führen Sie sowohl den z-Test als auch den μ-kritisch-Test durch (α = 0,025). Wie lautet Ihre Testentscheidung? [6 Min.]

b) Ermitteln Sie das Konfidenzintervall für μ. [2 Min.]

Ü 8-21 Musikstudent Eddi v. H. beschließt, nach der Beendigung seines Studiums eine Gitarrenwerkstatt aufzubauen. Die ersten Instrumententeile hat er gebaut. Nun beginnt die Suche nach einem zuverlässigen Schraubenhersteller, damit die Gitarrenhälse mit dem Korpus verbunden werden können. Im Internet hat er vielversprechende Informationen eines renommierten Herstellers gefunden. Der Durchmesser der Schrauben wird mit 12 mm vereinbart. Bei der ersten Lieferung von 500 Schrauben nimmt der Student n = 64 Schrauben mit in seine Werkstatt, um diese genau zu untersuchen. Jegliche Abweichung ist unerwünscht. Es ergibt sich ein Mittelwert von 11,8 mit einer Standardabweichung von s = 0,8.

a) Testen Sie mit einem Signifikanzniveau von 2,5 %, ob die Instrumente fertig gestellt werden können. [6 Min.];

b) Ermitteln Sie das Konfidenzintervall für μ. [2 Min.]

Ü 8-22 Musikstudent Eddi v. H. beschließt, nach der Beendigung seines Studiums eine Gitarrenwerkstatt aufzubauen. Die ersten Instrumententeile hat er gebaut. Nun beginnt die Suche nach einem zuverlässigen Schraubenhersteller, damit die Gitarrenhälse mit dem Korpus verbunden werden können. Im Internet hat er vielversprechende Informationen eines renommierten Herstellers gefunden. Der Durchmesser der Schrauben wird mit 12 mm vereinbart. Bei der ersten Lieferung von 500 Schrauben nimmt der Student n = 16 Schrauben mit in seine Werkstatt, um diese genau zu untersuchen, ob die Durchmesser zu klein sind (weil dann die Verbindungen nicht halten). Es ergibt sich ein Mittelwert von 11,8 mit einer Standardabweichung von s = 0,8.

a) Testen Sie mit einem Signifikanzniveau von 2,5 %, ob die Instrumente fertig gestellt werden können. Die Schrauben seien annähernd normalverteilt. [6 Min.];

b) b) Ermitteln Sie das Konfidenzintervall für μ. [2 Min.]

K 8-23 Eine 500 g Packung Müsli enthält nach Herstellerangaben 50 g Rosinen. Ein Händler untersucht aus einer Lieferung von 6.400 Packungen jede hundertste Packung auf ihren Rosinenanteil. Die Zufallsauswahl erfolgte mit Zurücklegen. Der durchschnittliche Rosinenanteil der untersuchten Packungen betrug 47,5 g bei einer Standardabweichung von 6 g. Sowohl eine zu hohe als auch eine zu geringe Rosinenmenge wird als unerwünscht betrachtet.

a) Testen Sie auf dem Signifikanzniveau von 95 %, ob die Herstellerangaben korrekt sind. [6 Min.]

b) Aufgrund steigender Rosinenpreise möchte der Hersteller vermeiden, dass zu viele Rosinen abgefüllt werden. Er entnimmt der laufenden Produktion, die als normalverteilt angenommen werden kann, eine Stichprobe von 144 Packungen und ermittelt dabei eine durchschnittliche Rosinenmenge von 52 g bei einer Standardabweichung von 12 g. Er führt einen statistischen Test durch, indem er die Nullhypothese $\mu < \mu_0 = 50$ g mit einem Signifikanzniveau von $\alpha = 0{,}002$ testet. Welches Ergebnis erzielt er? [4 Min.] Wie bewerten Sie diesen vom Hersteller durchgeführten Test? [2 Min.]

Ü 8-24 Ein Schiffsdieselhersteller behauptet, dass seine Maschinen im Durchschnitt höchstens 49,5 l Kraftstoff pro Betriebsstunde verbrauchen. Eine Stichprobe im Umfang von n = 10 Triebwerken liefert einen durchschnittlichen Verbrauch von 51 l bei einer Standardabweichung von s = 3,5 l. Kann damit die Behauptung des Herstellers als widerlegt angesehen werden, unter der Voraussetzung, dass der Kraftstoffverbrauch pro Betriebsstunde normalverteilt ist? ($\alpha = 0{,}05$)? [6 Min.]

Ü 8-25 Die Wirksamkeit eines Werbespots wird u.a. daran gemessen, welcher Anteil der Fernsehzuschauer bei der Werbung nicht umschaltet, sich also die Spots anschaut (andere Faktoren sollen hier nicht berücksichtigt werden). Ein Lokalsender ging bisher immer von einem Anteil um 55 % aus. Nachdem ein neuer Werbefilm gesendet wurde, bejahen 65 von 100 befragten Zuschauern die Frage, ob sie eine ganz bestimmte Werbung gesehen haben.

a) Kann bei dem vorgegebenem Signifikanzniveau von $\alpha = 0{,}05$ geschlossen werden, dass sich der Anteil der Zuschauer, die diese Werbung sahen, merklich erhöht hat? [6 Min.];

b) Ermitteln Sie das Konfidenzintervall für μ. [2 Min.]

Ü 8-26 Vor der heißen Phase des Wahlkampfes erreicht eine Partei bei einer Umfrage einen Stimmenanteil von 20 %. Nach zwei Monaten wird untersucht, ob sich der Stimmenanteil verbessern ließ. Von 400 zufällig ausgewählten Wahlberechtigten gaben 100 an, die Partei zu wählen.

a) Testen Sie mit einem Signifikanzniveau von 0,95 die Hypothese, dass die Wahlkampagne erfolgreich war. [6 Min.];

b) Ermitteln Sie das Konfidenzintervall für p. [2 Min.]

8.4.3 Zweistichprobentests
Two Sample Tests

Test auf Mittelwertdifferenz

Fallbeispiel | *StudierBar*

Chris hat die Durchschnittsausgaben von (111) Studentinnen (10,10 Euro) und (191) Studenten (9,60 Euro) und fragt sich, ob der Unterschied statistisch signifikant ist. Bei beiden Gruppen ist die Standardabweichung 2 Euro und Chris möchte mit 95 % Signifikanzniveau wissen, ob es sich lohnt, eine Aktion für männliche Studenten zu starten, damit diese mehr ausgeben.

Ändert sich das Ergebnis bei $(1-\alpha) = 99\%$?

Zusammenstellen der Informationen:

Informationen	n_i	Mittelwerte	Standardabweichungen
Stichprobe 1 (w)	$n_1 =$	$\bar{x}_1 =$	$s_1 =$
Stichprobe 2 (m)	$n_2 =$	$\bar{x}_2 =$	$s_2 =$

1) Hypothese: H_0: $\mu_1 - \mu_2 = 0 \implies \mu_1 = \mu_2$

2) $\alpha = \ldots\ldots$ (Aufgabenstellung)

3) bei Mittelwertdifferenz keine Fallunterscheidung (auch keine Ermittlung von $\sigma_{\bar{x}}$ oder $\sigma_{\hat{p}}$)

4) $t_c = \ldots\ldots$ 5) $t_X = \dfrac{\bar{x}_1 - \bar{x}_2}{\sqrt{\dfrac{s_1^2}{n_1} + \dfrac{s_2^2}{n_2}}} = \ldots\ldots$ (8-44)

6) $|t_x| > |t_c|$? $\rightarrow$ **H_0 verwerfen ?**

7) Interpretation:

Wie wäre das Testergebnis bei $(1 - \alpha) = 0{,}99$?

Mit 95 % Signifikanz wir die Hypothese verworfen, dass Frauen und Männer die gleichen Durchschnittsausgaben tätigen. Der errechnete t-Wert ist größer als der kritische.

Wird die Signifikanz auf 99 % erhöht, so kann die Nullhypothese nicht verworfen werden.

8.4.4 Multiple Regression: Schätzen & Testen von Regressionskoeffizienten
Estimatings & Testing Coefficients of Multivariate Regressions

Mit ihren erweiterten Statistik-Kenntnissen befassen sich Beate und Adam noch einmal mit der multiplen Regressionsanalyse aus Abschnitt 3.2.3. Dort war die Frage offen geblieben, wie wichtig die einzelnen Einflussfaktoren sind – also z.B. ob der Preis, die Verkaufsfläche oder die Werbung den größten Einfluss auf den Absatz hat.

Dies können wir mit Hilfe statistischer Signifikanzen beleuchten. Erste Hinweise gaben die R^2-Werte in den univariaten Regressionen.

	Absatz-Menge	Verkaufs-Fläche	Werbe-Ausgaben	Preis pro Tasse
	Becher	qm	Euro	Euro
i	y_i	$x1_i$	$x2_i$	$x3_i$
Nr	Absatz	Fläche	Werbung	Preis
1	750	70	80	1,20
2	450	50	50	1,85
3	250	40	0	2,10
4	400	40	50	2,00
5	730	66	90	1,10
6	100	25	0	2,50
7	750	60	100	1,25
8	450	60	40	1,80
9	550	50	75	1,80
10	350	40	40	2,50

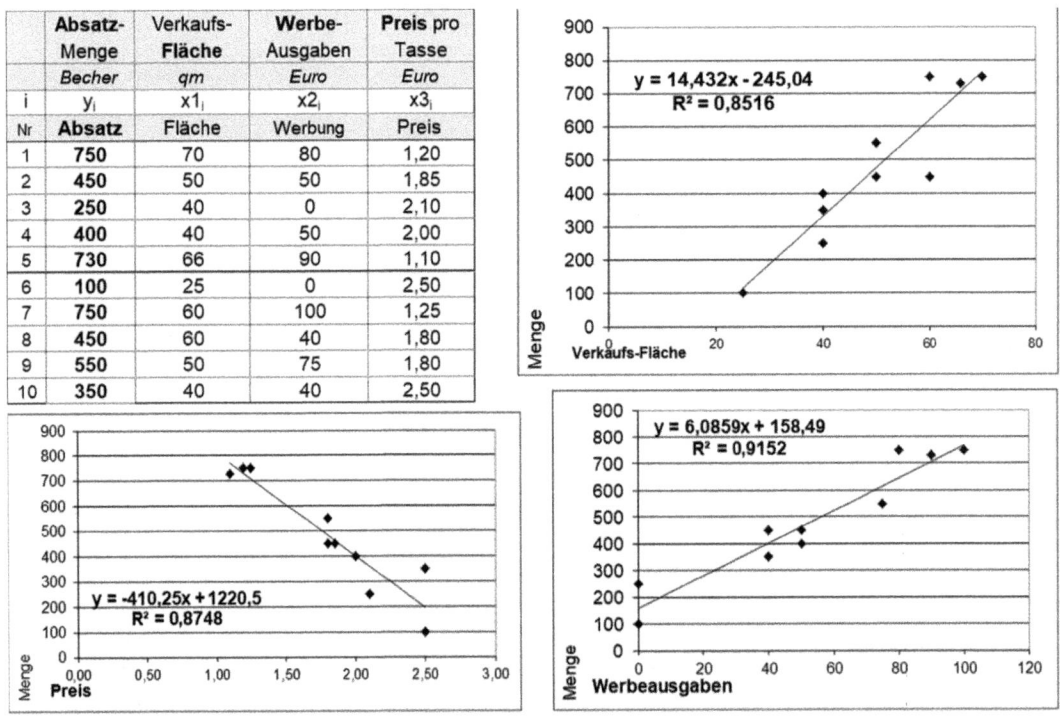

Abbildung 18: Regressionsanalyse mit multiplen Einflussfaktoren – univariate Regressionen

Auf dieser Basis hatten wir eine multiple Regression durchgeführt und waren zu den in der folgenden Abbildung dargestellten Ergebnissen gekommen. Bestimmungsgleichung für den Absatz Y:

$$\hat{y} = b_0 + b_1 x_1 + b_2 x_2 + \cdots + b_k x_k \tag{8-47}$$

hier: Absatz $= a + b_1 \cdot$ Fläche $+ b_2 \cdot$ Werbung $+ b_3 \cdot$ Preis

Ergebnisse der Multiplen Regression - Kaffeeabsatz in Uni-Bars

Regressionsstatistiken	
Multipler Korrelationskoeffizient	0,995
(einfaches) R²	0,991
korrigiertes R²	**0,986**
Standardfehler	26,233
Anzahl Beobachtungen	10

	Koeffizient	Standardfehler	t-Statistik	p-Wert	Untergrenze 95%	Obergrenze 95%
Achsenabschnitt	201,020	162,855	1,234	0,263	-197,471	599,511
Fläche	4,858	1,570	3,095	0,021	1,017	8,699
Werbung	3,503	0,467	7,501	0,000	2,360	4,645
Preis	-83,045	48,718	-1,705	0,139	-202,253	36,163

Abbildung 19: Regressionsoutput einer multiplen Regression

Inhaltliche Interpretation der Regressionskoeffizienten:

Absatz = ☐ + ☐ · Fläche + ☐ · Werbung – ☐ · Preis

Damit wird in einer Gleichung das oben dargestellte Ergebnis beschrieben. Eine Erhöhung der Verkaufsfläche erhöht den Absatz um das ☐-fache, also z.B. 10 qm mehr Verkaufsfläche bringen im Durchschnitt ☐ Stück mehr Umsatz. Die Erhöhung der Werbeausgaben um 10 Euro erhöht den Absatz um ☐ Stück und eine Senkung des Preises um 1 Euro würde zu einer Erhöhung des Absatzes um ca. ☐ Stück führen. Damit ist auch eine Rangfolge geeigneter Maßnahmen zur Absatzerhöhung erkennbar, die Preissenkung hat in diesem Beispiel die stärkste Wirkung.

Gütemaß R^2

Vergleichen Sie das Gütemaß der multiplen Regression mit denen der Einzelregressionen. Was lernen wir?

☐

Statistisch signifikante Einflussfaktoren

Die interessante Frage ist, wie wichtig die einzelnen Einflussfaktoren sind – also z.B. ob in diesem Beispiel der Preis, die Verkaufsfläche oder die Werbung jeweils einen statistisch signifikanten Einfluss auf den Absatz haben. Multiple Regressionsanalyse bedient sich des Schätzens und Testens, die Ergebnisse finden sich direkt im Regressionsoutput (Abbildung 19). Es wird für jede X-Variable ein Konfidenzintervall angegeben – in den letzten beiden Spalten „Untergrenze 95 %" und „Obergrenze 95 %". Auch Tests werden bei einer multiplen Regression durchgeführt.

Es ergeben sich für die k einzelnen Schätzkoeffizienten b_i (die gesuchten „wahren" Werte) jeweils Schätzwerte $\hat{b}_i$ und Standardabweichungen s_{bi}.
Es ist zu testen, ob die einzelnen x_i einen signifikanten Einfluss auf y haben.

Die Ausgangshypothesen sind jeweils: x_i hat keinen signifikanten Einfluss auf y:

$$H_{0i}: \quad b_i = 0 \quad (\forall \ i = 1, ... k) \tag{8-48}$$

Daraus ergibt sich die Prüfgröße $t_i = \dfrac{b_i}{s_{b_i}}$ (Formel 8-49) die mit $\nu = n - k$ Freiheitsgraden t-verteilt ist.

Der Test wird für jedes b_i einzeln durchgeführt, d.h. wir müssen jeweils prüfen, ob der t_i-Wert kleiner als t_c ist. Die Ermittlung von t_c wird analog zu den bisherigen Tests vorgenommen. Bei den hier vorliegenden 10 Beobachtungen und $(1 - \alpha) = 95\,\%$ beträgt

$$\nu = n - k = \boxed{} \qquad \text{und damit:} \qquad t_c = \boxed{}$$

Die t-Statistik muss über dem kritischen Wert t_c liegen, um die jeweilige Hypothese ($H_{0\,i}$: x_i hat keinen signifikanten Einfluss auf y) ablehnen zu können, also statistisch zu unterstützen, dass x_i einen signifikanten Einfluss auf y hat. Wir können also die jeweilige $H_{0\,i}$ ablehnen, wenn t_i möglichst groß ist ($t_i > t_c$)

Noch schneller können wir den angegebene p-Wert ablesen, der inhaltlich die Wahrscheinlichkeit angibt, dass diese X-Variable keinen (!) Einfluss auf Y ausübt. Der Wert ist vergleichbar mit der Fehlerwahrscheinlichkeit α. Wir können also die jeweilige $H_{0\,i}$ ablehnen, wenn p möglichst klein ist. Wenn $a = 0{,}05$, muss entsprechend $p \leq 0{,}05$ sein, um die jeweilige Hypothese ($H_{0\,i}$: x_i hat keinen signifikanter Einfluss auf y) auf dem Signifikanzniveau $(1 - \alpha)$ ablehnen zu können, also statistisch zu unterstützen, dass x_i einen signifikanten Einfluss auf y hat.

Welches sind die signifikanten Einflussfaktoren, welche hingegen sind nicht signifikant? Was lernen die Betreiber von Uni-Cafés daraus?

Die Werbung weist die höchste statistische Signifikanz auf, wogegen der Preis insignifikant ist, d.h. ein Einfluss des Preises auf den Absatz ist statistisch nicht gesichert.

8.5 Nicht-Parametrische Tests (Beispiel: Chi-Quadrat-Unabhängigkeitstest)
Non-Parametric Tests (Chi-Square Test of Independence)

In Abschnitt 3.4 fragten sich Chris und Adam, ob das Geschlecht einen Einfluss auf die Kaffee-Präferenz hat:

„Haben Männer und Frauen eigentlich die gleichen Vorlieben bei Kaffee – Latte oder Espresso?"

„Klar", meint Chris, im Wesentlichen nehmen die das Gleiche. „Absolut nicht", ist sich Adam sicher, „die Vorlieben sind ziemlich verschieden".

Sie befragen 150 Studierende, ob sie lieber Latte oder Espresso trinken.

Auch eine solche Frage (es geht in Abschnitt 3.4 um Zusammenhänge zwischen nominal skalierten Merkmalen) kann statistisch getestet werden.

Dabei wird die Null-Hypothese H_0: „Das Geschlecht hat keinen Einfluss" mittels eines Chi-Quadrat-Unabhängigkeitstest überprüft.

Da wir den Chi-Quadrat-Wert schon in Abschnitt 3.4 ermittelt haben, schreckt uns Formel (3-18) nicht mehr und der Test ist schnell durchgeführt:

χ^2 Unabhängigkeitstest   (8-50)

1) Aufstellen von H_0 (und H_1)	Hypothese: Die Merkmale sind **unabhängig** voneinander:
2) Feststellen des Signifikanzniveaus $(1 - \alpha)$	Der Einfachheit halber nehmen wir hier *immer* $\alpha = 0,05$ d.h. $(1 - \alpha) = 95\,\%$
3) Bestimmen von $\sigma_{\bar{x}}$	(entfällt bei diesem Test)
4) kritischen Wert ermitteln χ^2_c	Freiheitsgrade: $\hspace{3cm}$ Formelsammlung, (8-51); Tabelle 4 $\chi^2_c =$
5) Ermittlung der Prüfgröße χ^2	$\hspace{6cm}$ (3-18) $\chi^2_{errechnet} =$
6) Entscheidungsregel, ggf. Ablehnung von H_0	Ist $\chi^2_{errechnet} > \chi^2_c$?
7) Interpretation	

Der kritische Wert χ^2_c liegt bei einem Freiheitsgrad knapp unter vier, wogegen der errechnete Wert deutlich geringer ist. Daher kann die Hypothese der Unabhängigkeit nicht verworfen werden.

 **Aufgaben**

Ü 8-27 Zwei Klassen unterschiedlicher Schulen von $n_1 = 40$ und $n_2 = 50$ Teilnehmern, wurde eine Mathematikklausur gestellt. In der ersten Klasse wurde eine durchschnittliche Punktzahl von 74 bei einer Standardabweichung von $s_1 = 8$ Punkten, in der zweiten Klasse eine durchschnittliche Punktzahl von 78 bei einer Standardabweichung von $s_2 = 7$ Punkten erreicht. Prüfen Sie, ob ein signifikanter Unterschied zwischen den Klausurergebnissen der beiden Gruppen besteht, wobei die Irrtumswahrscheinlichkeit mit $\alpha = 0,05$ vorgegeben sei. [6 Min.]

Ü 8-28 Uni Bremen und Uni Oldenburg haben (angenommen) die gleiche Anzahl Studierenden, aber die Anteile der Männer und Frauen in jeder Universität sind unbekannt. In einer Stichprobe von $n = 50$ für jede Stadt ergeben sich 20 Frauen aus der Uni Bremen und 30 Frauen aus der Uni Oldenburg. Bei einer Irrtumswahrscheinlichkeit von 1 % ist die Hypothese zu testen, dass in beiden Universitäten die gleichen Anteile von Frauen studieren. [6 Min.]

Ü 8-29 Ein Pharmaunternehmen testet an zwei Gruppen (A und B) von Freiwilligen ein Mittel gegen Heuschnupfen. Gruppe A erhält einen Wirkstoff, Gruppe B ein Placebo. Die Gruppen bestehen aus je 100 Personen. Es stellt sich heraus, dass in den Gruppen A und B 75 bzw. 65 Personen wieder gesund werden. Testen Sie die Hypothese, dass das Mittel bei der Heilung der Krankheit hilft ($\alpha = 1$ %).

M 8-30 [je 1,5 Min.]

a) Wenn bei einem Test der Wert der Prüfgröße in den „Nichtverwerfungsbereich" fällt, kann kein β-Fehler gemacht werden.

b) Wenn der Stichprobenumfang bei einem Test erhöht wird, können α- und β-Fehler gleichzeitig gesenkt werden.

c) Bei einem Test dürfte die Irrtumswahrscheinlichkeit gering angesetzt werden, wenn eine zu Unrecht erfolgte Ablehnung der Nullhypothese hohe Kosten verursachen würde.

d) Wenn in der Statistik der Fehler der ersten Art mit dem Fehler der zweiten Art verwechselt wir, ist dies ein Fehler der dritten Art (böser Fehler).

Ü 8-31 [je 3 Min.]

a) Als PlanerIn für Filialneugründungen sollen Sie aus den Vergangenheitsdaten (über 24 Filialen) für die Lebensmittelumsätze im Einzelhandel errechnen, welcher Umsatz für eine geplante neue Filiale zu erwarten ist: Aus den Vergangenheitsdaten errechnen Sie (mittels KQ-Regression) folgende Regressionsgleichung:

$\hat{U} = a + b_1 \cdot qm + b_2 \cdot SF + b_3 \cdot WB + b_4 \cdot KK + b_5 \cdot WA$

mit: U = Umsatz; qm = Quadratmeter Ladenfläche; SF = Schaufensterfläche; WB = Weiterbildungsmaßnahmen für das Personal; KK = Kaufkraft im Viertel; WA = Werbeausgaben. Die erste Schätzung ergibt (t-Werte in Klammern):

$\hat{U} = 5800 + 4,5 \cdot qm + 2 \cdot SF + 1,5 \cdot WB + 0,8 \cdot KK + 4 \cdot WA \qquad R^2 = 0,72$
$\qquad\quad (4,3) \quad\;\; (3,1) \quad\;\; (1,3) \quad\;\; (1,9) \quad\;\; (2,1) \quad\;\; (1,3)$

Wie gut beschreibt die Regression die Umsatzverteilung? Woran erkennen Sie das?

b) Eine Kollegin hat den gleichen Zusammenhang untersucht, indem sie zusätzlich noch die Lage zur Innenstadt als erklärendes Merkmal einfügt:

$\hat{U} = 5800 + 4{,}1 \cdot qm + 1{,}9 \cdot SF + 1{,}5 \cdot WB + 0{,}9 \cdot KK + 4{,}3 \cdot WA + 0{,}7 \cdot Lage \quad R^2 = 0{,}89$
(4,1) (3,0) (1,1) (1,7) (2,0) (1,2) (4,2)

Was lernen Sie aus dieser zweiten Regression? Sind die angegebenen Veränderungen sinnvoll?

9 Wiederholungs- und Übersichtsfragen

W 9-1 Sie sind als AssistentIn der Geschäftsführung der ABD & C KG beschäftigt. Da Sie für Ihre gute Statistikausbildung bekannt sind, kommen die KollegInnen oft zu Ihnen und fragen, welche statistischen Maße für die jeweilige Fragestellung geeignet sind. [je 1 bis 1,5 Min.]

Geben Sie jeweils das geeignete statistische Maß an (Nur das Maß (Name), keine Formel).

geeignetes Maß	Fragestellung
	Vergleich von Umsatzschwankungen in den USA (Dollar), in Polen (Zloty) und in Deutschland (Euro).
	Vorhersage zukünftiger Jahresumsätze auf Basis von Vorjahreswerten.
	Messung des Zusammenhanges zwischen Anzahl Ihrer Vorbereitungsstunden und Ihrer Klausurnote.
	Ermittlung der Wahrscheinlichkeit, mit der genau 3 bestimmte Kfz in eine Stichprobe von 3 aus N Kfz der Tagesproduktion kommen.
	Mittlere Verzinsung eines Wertpapiers
	Schätzung des Wähleranteils der Partei CDE auf Basis einer zufälligen Befragung von 49 Personen in der Fußgängerzone.
	Messung des Zusammenhanges zwischen Geschlecht und Einkommen (EUR)
	Messung der Konzentration der Vermögen in Bremer Haushalten.

W 9-2 Erläutern Sie den Unterschied zwischen Korrelation und Regression. [4 Min.]

W 9-3 Was sagt das Bestimmtheitsmaß aus? [3 Min.]

W 9-4 Erklären Sie den Begriff „Zeitreihe" und beschreiben Sie die Aufgaben und Ziele der Zeitreihenanalyse. [4 Min.]

W 9-5 Was bedeutet der Begriff „stochastisch unabhängig"? [2 Min.]

W 9-6 Was ist eine Zufallsvariable? Geben Sie Beispiele für diskrete und stetige ZV an. [4 Min.]

W 9-7 Welche Aussage macht der Zentrale Grenzwertsatz im Wesentlichen? [2 Min.]

W 9-8 Was ist die prinzipielle Vorgehensweise der Schließenden Statistik? [3 Min.]

W 9-9 Erläutern Sie die Begriffe „Irrtumswahrscheinlichkeit" und „Signifikanzniveau". [3 Min.]

W 9-10 Was ist die Zielsetzung eines statistischen Tests? [2 Min.]

W 9-11 Wie ist die Nullhypothese zu formulieren? [2 Min.]

W 9-12 Was verstehen Sie unter dem Stichprobenumfang? [2 Min.]

W 9-13 Was ist eine Stichprobenfunktion? [2 Min.]

Wiederholungs- und Übungsaufgaben anhand von Beispieldaten

(Zunächst müssen die Daten recherchiert werden. Dazu bieten sich Datenquellen aus dem Internet an, z.B. das Statistische Bundesamt, die ECB, Bundesbank o.ä. an):

Ü AS-1 Um wie viel Prozent ist das Bruttoinlandsprodukt von 2010 bis 2018 gestiegen? [3 Min.]

Ü AS-2 Was war die durchschnittliche Wachstumsrate des Privaten Verbrauches und der Ersparnis der privaten Haushalte zwischen 2010 und 2018? [3 Min.]

Ü AS-3 Wie hoch war die durchschnittliche Sparquote der privaten Haushalte in Gesamtdeutschland von 2010 bis 2018? [3 Min.]

Ü AS-4 Berechnen Sie den Preisindex für die Lebenshaltung von Angestellten und Beamten mit höherem Einkommen für die Jahre 2000, 2005, 2010, 2015 und 2018, wenn das Jahr 2010 = 100 gesetzt wird. [4 Min.]

Ü AS-5 Die Preise welcher Warengruppe sind für „alle privaten Haushalte" 2010 – 2018 am stärksten gestiegen? Stellen Sie diese Steigerung in einem einfachen Diagramm dar. [5 Min.]

Ü AS-6 Konsumfunktion: Berechnen Sie die durchschnittliche und die marginale Konsumquote der privaten Haushalte für die Jahre 2010 bis 2018. Der Konsum C werde gemessen durch den privaten Verbrauch und das Einkommen Y durch das verfügbare Einkommen der privaten Haushalte, welches sich verteilt auf Konsum und Ersparnis. [10 Min.] Hinweis: In der Konsumfunktion $C = a + b \cdot Y$ ist der Koeffizient b die marginale Konsumquote. Verwenden Sie zur einfacheren Berechnung gerundete Werte in ganzen Mrd. EUR (ohne Nachkommastellen). Weiterhin: Beachten Sie, dass das Y hier als unabhängiges Merkmal verwendet wird, anders als in Kapitel 4 (damit steht es auch in den Formeln an anderen Stellen)}

Ü AS-7 Recherchieren Sie folgende Daten: a) Das BIP der letzten 3 Jahre. b) Den aktuellen Preisindex der Lebenshaltung. c) Derzeitige Einwohnerzahl Ihrer Stadt. d) Arbeitslosenquoten nach Bundesländern.

10 Schlusswort

Nun haben Sie die einführende Reise *schrittweise* durch die Statistik hinter sich. Ich hoffe, sie hat etwas Spaß – oder sogar Lust auf mehr – gemacht.

Ich habe selbst erfahren und höre immer wieder einmal von ehemaligen Studierenden oder Praxisvertretern, dass sich die Notwendigkeit zur Arbeit mit empirischen Daten immer wieder ergibt. Und oft erschließen sich die verschiedenen Modelle und deren Varianten erst *by doing*, nämlich wenn Sie selbst eine praktische Frage haben. Dann reicht auch oft ein einführendes Statistikbuch wie dieses nicht mehr aus, dann müssen die Analysen noch tiefer gehen und die Modelle mehr Möglichkeiten bieten.

Gerne bitte ich Sie um Rückmeldung. Denn zu diesem Arbeitsbuch (und der Formelsammlung) gibt sicher noch Verbesserungspotenzial:

▪ Sind die Darstellungen verständlich – oder fehlte (Hintergrund-)Information?

▪ Sind die Aufgaben nachvollziehbar, die Online-Lösungen hilfreich?

▪ Welche Teile motivieren zum eigenständigen Lernen, welche schrecken eher ab?

▪ Haben Sie Fehler gefunden – bitte lassen Sie mich diese wissen!

▪ Helfen die Videos?

Vielen Dank, dass ich Sie auf Ihrem Weg begleiten durfte.

Bremen, September 2019
Peter Schmidt

peter@statistikschritte.de

11 Literaturhinweise

Die folgenden Literaturhinweise sollen Ihnen einen Überblick über andere statistische Lehrbücher geben. Bedenken Sie: Es gibt nicht *das* Statistik-Lehrbuch, weder allgemein noch auf eine Veranstaltung bezogen. Ich empfehle Ihnen, sich verschiedene Bücher anhand konkreter Themen anzuschauen und dann persönlich zu entscheiden, welches Ihrem eigenen Stil entspricht! Gewöhnen Sie sich möglichst früh an, die Bibliothek Ihrer Hochschule zu nutzen.

Arrenberg, Jutta: Wirtschaftsstatistik für Bachelor

Bamberg, Günter und **Baur**, Franz: Statistik, Arbeitsbuch

Black, Thomas: Understanding Social Science Research

Bleymüller, Josef; **Gehlert**, Günther und **Gülicher**, Herbert: Statistik für Wirtschaftswissenschaftler

Bourier, Günther: Beschreibende Statistik. Praxisorientierte Einführung, und: Wahrscheinlichkeitsrechnung und Schließende Statistik

Hippmann, Hans-Dieter: Statistik für Wirtschafts- und Sozialwissenschaftler

Krämer, Walter: Statistik verstehen. und: So lügt man mit Statistik, sowie: Statistik für die Westentasche

Oakshott, Les: Essential Quantitative Methods for Business, Management and Finance

Puhani, Josef: Statistik – Einführung mit praktischen Beispielen

Scharnbacher, Kurt: Statistik im Betrieb

Schwarze, Jochen: Grundlagen der Statistik, Bände I und II, Übungsbuch (Aufgabensammlung), Klausurtraining

Tiemann, Veit: Statistik für Studienanfänger

Statistik am PC und mit Statistik-Software:

Brosius, Felix: SPSS – umfassendes Handbuch zur Statistik und Datenanalyse, sowie: SPSS 24 für Dummies

Bühl, Achim: SPSS 23 – Einführung in die moderne Datenanalyse unter Windows

Matthäus, Wolf-Gert und **Schulze,** Jörg: Statistik mit Excel – Beschreibende Statistik für jedermann

Monka, Michael und **Voß**, Werner: Statistik am PC – Lösungen mit Excel

Zwerrenz, Karlheinz: Statistik: Einführung in die computergestützte Datenanalyse

Zwerrenz, Karlheinz: Statistik verstehen mit Excel

Zum Arbeiten mit Excel finden sich auf YouTube diverse – gute – Videoanleitungen.

Als hervorragendes Beispiel sei der Kanal von Andreas Thehos hervorgehoben:
    https://www.youtube.com/user/AThehos

12 Anhang

12.1 Anmerkungen zu den Aufgaben und Lösungshinweisen

Die Lösungshinweise zu den Übungsaufgaben finden Sie auf der begleitenden Website.

- Die Zahlen in eckigen Klammern sollen einen Anhalt für eine mögliche Klausur-Bearbeitungszeit in Minuten geben. (Bedenken Sie: Klausurzeit ≠ Übungszeit – da beim Üben deutlich mehr Zeit – zum Erarbeiten – benötigt wird).

- Die Aufgaben sind innerhalb der Kapitel laufend nummeriert. Ü = Übungsaufgaben; K = ehemalige Klausuraufgaben; W = Wiederholungsaufgaben.

- Die Lösungshinweise werden i.d.R. über die Website veröffentlicht. Dies ist ein zusätzlicher Service zur Nachbereitung der Übungen.

Die Lösungshinweise zu den Übungsaufgaben werden auf unterschiedliche Arten gegeben:

- Bei Rechenaufgaben, die zu aufwendig für die Textverarbeitung sind, finden Sie die Lösungen in einer **Excel-Tabelle**. Dort geben Ihnen die Namen der Tabellenblätter Auskunft darüber, welche Aufgaben behandelt werden; Texte in Word-Dateien.

- Bei MC (Multiple-Choice) und solchen Aufgaben, die nur eine kurze Antwort verlangen, sind diese entweder als kurzes Excel-Tabellenblatt eingefügt oder in einer Word-Datei.

- Bei Textaufgaben werden die Antworten als Word-Datei bereit gestellt.

Die Lösungs*hinweise* sollen Ihnen eine Hilfe und ein Anhalt sein, sie können – und wollen – Ihre eigene Erarbeitung des Rechenweges nicht ersetzen. Lernen Sie nicht die Lösungen auswendig, sondern verstehen Sie den Weg dorthin!

In Excel können Sie mit der rechten Maustaste unten links auf dem Bildschirm auf die Navigationspfeile für die Tabellenblätter klicken und erhalten dann eine Übersicht über die vorhandenen Tabellenblätter.

Die Lösungen beziehen sich auf die Übungsaufgaben. Es gibt keine „Lösungen" zu den „Leertabellen" des Arbeitsbuchs selbst. Es ist das didaktische Konzept, dass Sie diese selbst füllen. Die Video-Hinweise auf der Website helfen Ihnen dabei.

12.2 Fallbeispiel *StudierBar*: Fragenbogen – Beispiel

Dieser Fragebogen ist in Lehrveranstaltungen entstanden. Einige Ergebnisse dieser Befragung werden an verschiedenen Stellen dieses Buches verwendet.

Liebe Mit-Studis,
wir, drei Wirtschafts-Studierende planen, eine **StudierBar** in unserer Fakultät zu eröffnen. Bitte helft uns mit euren Antworten, die zu erwartenden Nachfrage realistisch einschätzen zu können.

Danke für eure Mithilfe

Wie viel kaufst du in der Hochschule (Studienbeginner: erwartest du zu kaufen)?

Produkt		Menge pro Tag (Stück)	An ... Tagen der Woche
1. Kaffee	0,2L	(v1)	(v1w)
2. Tee	0,2L	(v2)	(v2w)
3. Mineralwasser	0,33L	(v3)	(v3w)
4. Softgetränke	0,33L	(v4)	(v4w)
5. Brötchen / Snacks	Stück	(v5)	(v5w)
6. Torten (der Wahrheit)	Stück	(v6)	(v6w)
7. ...		(v7)	(v7w)

Was ist dir in unserer **StudierBar** wichtig?

	unwichtig	...			sehr wichtig
8. Öffnungszeit: morgens ab 8:00	①	②	③	④	⑤
9. Öffnungszeit: abends möglichst lang	①	②	③	④	⑤
10. Alkoholische Getränke	①	②	③	④	⑤
11. Snacks	①	②	③	④	⑤
12. Fair gehandelte Produkte	①	②	③	④	⑤
13. Produkte aus der Region	①	②	③	④	⑤
14. Biologische Produkte	①	②	③	④	⑤
15. vegetarische Angebote	①	②	③	④	⑤
16. Frikadellen	①	②	③	④	⑤
17. ...	①	②	③	④	⑤

Allgemeine Fragen:

18. Alter:	19. Geschlecht: ○ w (1) ○ m (0)	20. Wie lange warst du vor dem Studium berufstätig? (Jahre; 0 = Nein)
21. Gewicht:	22. Körpergröße (cm):	23. höchster Bildungsabschluss: ○ Abitur (1) ○ Fachabitur (2) ○ Sonstiges (3) / 24. abgeschlossene Berufsausbildung? ○ Ja (1) ○ Nein (0)
25. Geburtsort: ○ Bremen (1) ○ Ausland (20) ○ sonst. D → bitte Bundesland: .... (2-15)	26. Entfernung (km) Wohnung → Hochschule	27. Wegzeit (Min) Wohnung → Hochschule
28. **Arbeit neben Studium** ○ J (1) ○ N (0)	29. verfügbares monatliches **Einkommen** (gesamt - Schätzung)	30. **BAFöG** ○ J (1) ○ N (0) *wenn beantragt, dann Ihre Erwartung*

Was möchten wir noch wissen? (im Unterricht erarbeitete Fragen)

31.

32.

33.

...

12.3 Datenanalyse in Excel

In der Excel-Datei, die Sie auf der Website finden, ist die folgende Tabelle ausführlicher verfügbar:

▨ in den obersten Zeilen werden einfache beschreibende Statistiken dargestellt ((arithmetischer) Mittelwert; Antworten: Anzahl der gültigen Antworten auf diese Frage; Median und Modus = die entsprechenden Mittelwerte; Min: Kleinster Wert; Max: Größter Wert; Art des Merkmals).

▨ Es wurden Spalten mit Kategorien (Altersgruppen), verbalen Erläuterungen und „Indikatormerkmalen" eingefügt. Ein Indikatormerkmal nimmt den Wert 1 an, wenn ein Merkmal gegeben ist, sonst ist es 0. Beispiel Geschlecht: eine 1 in Spalte V19 (19. Variable auf dem Fragebogen) bedeutet, dass diese Zeile die Angaben einer weiblichen Studierenden beinhalten.

Mittelwert	0,6	1,7	2,1	20,5		58%	
Antworten	43	43	43	41	43	43	
Median	1	1	1	20			
Modus	0	0	0	20		1	
Min	0	0	0	18		0	
Max	2,5	7	12,5	29		1	
Art	Zahl	Zahl	Zahl	Zahl	Kategorie	0-1	Kategorie
	Einkauf in der Hochschule			Person			
	Kaffee			Alter		Geschlecht	
	Menge/Tag	Tage /Woche	Menge /Woche	Alter		Geschlecht	
Person	V1	V1_w	/1_gesam	V18	V18_kat	V19	V19_Geschle
1	0	0	0	19	unter 20	0	männlich
2	0	0	0	19	unter 20	0	männlich
3	1	5	5	20	20-21	0	männlich
4	0	0	0		-	0	männlich
5	1	3	3	20	20-21	0	männlich
6	2,5	5	12,5	27	22++	0	männlich
7	1	7	7	22	22++	0	männlich
8	1	2	2	29	22++	0	männlich
9	0	0	0	18	unter 20	1	weiblich
10	1	2	2	21	20-21	1	weiblich
11	1	2	2	20	20-21	0	männlich
12	0	0	0	20	20-21	0	männlich
13	1	1	1	21	20-21	1	weiblich

Tabelle 17: Ausschnitt aus der Excel-Datei zur Befragung *StudierBar*

Pivot-Tabellen

Ein wesentliches Mittel zur Analyse von Daten in Excel sind **Pivot-Tabellen**. In Excel finden Sie diese im Menüband *Einfügen – PivotTable*. Es sind Zeilen, Spalten und Inhalt der Tabellen anzugeben.

Interessieren wir uns beispielsweise für die Anzahl der Befragten nach Alter und Geschlecht, wählen wir Alter als Zeilenbeschriftungen und Geschlecht als Spaltenbeschriftungen.

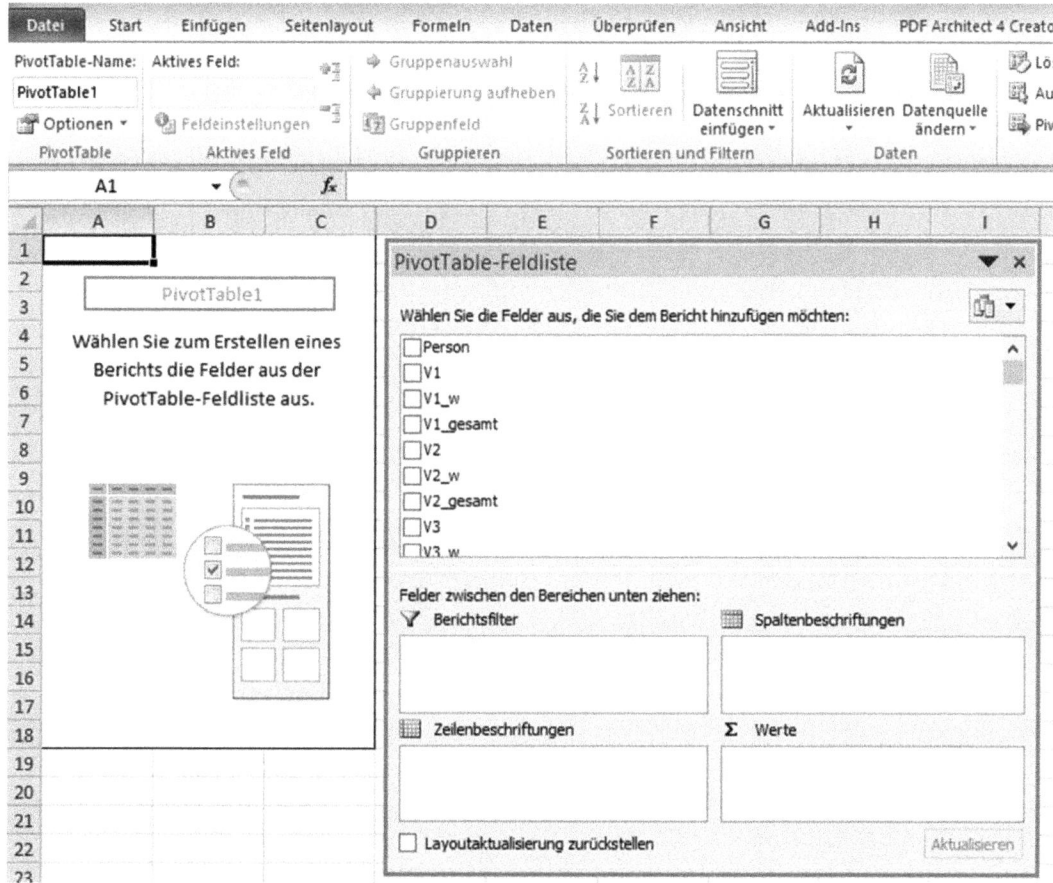

Abbildung 20: Anlegen einer Pivot-Tabelle (Excel-Screenshot)

Die Pivot-Tabelle kann dann z.B. folgende Auszählung ergeben:

Altersgruppen	männlich	weiblich	gesamt
unter 20	2	12	14
20-21	10	8	18
22++	4	5	9
gesamt	16	25	41

Tabelle 18: Pivot-Tabelle - Auszählung absoluter Häufigkeiten als Kreuztabelle

Also 41 gültige Antworten, von denen 25 Frauen waren, 5 Frauen 22 Jahre und älter, usw. Diese Darstellung von Anzahlen wird in der Statistik als **absolute Häufigkeit** bezeichnet.

Wir könnten den Inhalt der Tabelle auch an (Prozent-)Anteile darstellen lassen.

Altersgruppen	männlich	weiblich	gesamt
unter 20	5 %	29 %	34 %
20-21	24 %	20 %	44 %
22++	10 %	12 %	22 %
gesamt	39 %	61 %	100 %

Tabelle 19: Pivot-Tabelle – Auszählung relativer Häufigkeiten als Kreuztabelle

Diese Darstellung von Anzahlen wird in der Statistik als **relative Häufigkeit** (hier zeigt jede Zelle den Anteil dieser Zelle an allen Befragten; die Randsummen addieren entsprechend ihre Zeile oder Spalte) bezeichnet.

In Pivot-Tabellen können aber auch Anteile, Mittelwerte, Schwankungsmaße u.a. angegeben werden.

Altersgruppen	männlich	weiblich	gesamt
unter 20	0,0	1,2	1,0
20-21	1,7	1,6	1,7
22++	6,1	4,2	5,1
gesamt	2,6	1,9	2,2

Tabelle 20: Pivot-Tabelle – Durchschnittlicher Kaffee-Konsum/Woche nach Alter und Geschlecht

Ablesebeispiele: Im Durchschnitt trinken die Befragten 2,2 Tassen Kaffee pro Woche. Die größte Menge konsumieren die Herren im Alter von 22 Jahren aufwärts.

Altersgruppen	Abitur	Fachabi	gesamt
unter 20	88%	83%	86%
20-21	42%	50%	44%
22++	63%	0%	56%
gesamt	61%	62%	61%

Tabelle 21: Pivot-Tabelle – Anteil Studentinnen nach Alter und Schulabschluss

Die Anteile in Tabelle 21 wurden als „Mittelwerte" der Variable v19 „Geschlecht" ermittelt. Zur Interpretation dieser Mittelwerte ist zu beachten, dass das Merkmal v19 Geschlecht ein **„Indikatormerkmal"** ist, ein Merkmal, das nur die Werte 0 oder 1 annehmen kann. Der Wert 1 steht für die Ausprägung „weiblich", der Wert 0 entsprechend für männliche Studenten. Der Mittelwert eines Indikatormerkmals gibt direkt den **Anteil** der Frauen an, da diese mit 1 kodiert sind.

Mittelwerte von Indikatormerkmalen (oder auch „Indikatorvariablen" – umgangssprachlich als „Dummy-Variablen" bezeichnet) werden wir im Folgenden sehr oft anschauen, einfach weil es praktisch ist, gleich mit dem Mittelwert den Anteil der Befragten zu erhalten, die ein bestimmtes Merkmal haben.

Wenn Sie sich die Excel-Tabelle (Webseite) der folgenden Seiten anschauen, sehen Sie, dass dort sogar eine ganze Menge von Merkmalen so „umcodiert" wurden, dass sie wieder Indikatormerkmale sind. Beispielsweise das Alter, das in die drei Indikatorvariablen „unter 20", „20-21" und „22++" umgewandelt wurde. Analog wurde mit dem Bildungsabschluss, dem Geburtsort „G_..." und anderen Variablen verfahren. Viel Spaß beim Daten-Stöbern.

Sie dürfen gespannt sein, ob die Ergebnisse Ihrer eigenen Befragung anders sind ... viel Spaß beim Erheben.

Zusatzhinweis: Zum Arbeiten mit Excel finden sich auf YouTube diverse – gute – Videoanleitungen.

Als hervorragendes Beispiel sei der Kanal von Andreas Thehos hervorgehoben:
👆 *https://www.youtube.com/user/AThehos*

12.4 Schritt-für-Schritt-Beispiele für zwei- und einseitige Tests

Beispiel für einen zweiseitigen Test über den Mittelwert μ

Der Durchmesser von in Großserie hergestellten Eisenstäben ist nach Angaben des Herstellers normalverteilt mit Mittelwert $\mu = 10$ mm und einer Standardabweichung von 0,7 mm.

Ein Kunde, der die Eisenstäbe nur verwenden kann, wenn sie die angegebenen Toleranzen einhalten, entnimmt der laufenden Produktion 144 Eisenstäbe. Deren Untersuchung ergibt einen Mittelwert von 10,15 mm.

Wird der Kunde die Eisenstäbe von diesem Hersteller beziehen, wenn ein Test mit einem Signifikanzniveau von $\alpha = 0,05$ durchgeführt wird?

Vorab: Zusammenstellung der vorhandenen Informationen:

Grundgesamtheit: $\mu = \mu_0 = 10$; $\sigma = 0,7$ Stichprobe: $\bar{x} = 10,15$; $n = 144$

Schritte des statistischen Hypothesentests

1) Aufstellen von H_0 und H_1

   $H_0: \mu = \mu_0 = 10$

   $H_1: \mu \neq \mu_0$ → **zwei**seitig kritischer Bereich

2) Festlegen des Signifikanzniveaus

   $\alpha = 0,05$ in der Aufgabe vorgegeben

3) Bestimmen der geeigneten Prüfverteilung → Fallunterscheidung

   σ ist bekannt, $n > 50$ ⇒ 1. Fall
   keine Endlichkeitskorrektur, da N sehr groß (Großserie)
   $\Rightarrow \sigma_{\bar{x}} = \frac{\sigma}{\sqrt{n}} = \frac{0,7}{12} = 0,05833$

4) Ermittlung der Testgröße durch Ablesen in der Tabelle der Standardnormalverteilung

   zweiseitiger Test $\Rightarrow F_{SN}(z_c) = 1 - \alpha / 2 = 0,975$

   leichter abzulesen ist dies bei $D(z_c) = 1 - \alpha$

   $\Rightarrow$ kritisches $|z_c| = \mathbf{1,960}$

Variante 1: Testentscheidung auf Basis absoluter Werte → kritischer μ-Wert

5) Berechnung der kritischen Wertes

$$\mu_c^u = \mu_0 - z_c \cdot \sigma_{\bar{x}} = 10 - 1{,}96 \quad 0{,}05833 = 9{,}886$$
$$\mu_c^o = \mu_0 - z_c \cdot \sigma_{\bar{x}} = 10 - 1{,}96 \quad 0{,}05833 = 10{,}114$$

6) Anwendung der Entscheidungsregel

Wenn $\bar{x} > \mu_c^o$ oder $\bar{x} > \mu_c^u$ soll H_0 abgelehnt werden.

Da $10{,}15 > 10{,}114 \implies$ Ablehnung von H_0

7) Interpretation des Ergebnisses

Der Kunde wird die Eisenstäbe **nicht** von diesem Hersteller beziehen!

Variante B: Testentscheidung auf Basis der (standardisierten) Z-Werte → „**Z-Test**"

Zweiseitiger Test über den Mittelwert μ

Schritte 1) bis 4) bleiben gleich.

5) Berechnung der Prüfgröße

$$z_{\bar{x}} = \frac{\bar{x} - \mu_0}{\sigma_{\bar{x}}} = \frac{10{,}15 - 10}{0{,}05833} = 2{,}5715$$

6) Anwendung der Entscheidungsregel

Wenn $|z_{\bar{x}}| > |z_c|$ soll H_0 abgelehnt werden.

Da $2{,}5715 > 1{,}96 \implies$ **Ablehnung** von H_0

7) Interpretation des Ergebnisses

Der Kunde wird die Eisenstäbe **nicht** von diesem Hersteller beziehen!

Beispiel für einseitigen Test über den Mittelwert μ

(Variante B – Vorsicht: Frage zum Nachdenken und Interpretieren des Vorgehens)

Ein weiterer Kunde benötigt Eisenstäbe, die mindestens einen Durchmesser von 10 mm haben.

Der Hersteller führt für die Verkaufspräsentation selbst eine Stichprobe von 100 Eisenstäben durch und ermittelt dabei eine durchschnittliche Stärke von 10,2 mm.

Er führt einen statistischen Test durch, indem er die Nullhypothese $\mu > \mu_0 = 10$ mm mit einem Signifikanzniveau von $\alpha = 0,13$ % testet. Welches Ergebnis erzielt er ?

Vorab: Zusammenstellung der vorhandenen Informationen:

Grundgesamtheit: $\mu = \mu_0 = 10$; $\sigma = 0,7$

Stichprobe: $\bar{x} = 10,2$; $n = 100$

Schritte eines statistischen Hypothesentests

1) Aufstellen von H_0 und H_1

       $H_0: \mu \geq \mu_0 = 10$

       $H_1: \mu < \mu_0$ $\rightarrow$ einseitig kritischer Bereich

2) Festlegen des Signifikanzniveaus

    $\alpha = 0,0013$ (!) in der Aufgabe vorgegeben

3) Bestimmen der geeigneten Prüfverteilung $\rightarrow$ Fallunterscheidung

    σ ist bekannt, $n > 50$ $\Rightarrow$ 1. Fall
    keine Endlichkeitskorrektur, da N sehr groß (Großserie)
    $\Rightarrow \sigma_{\bar{x}} = \frac{\sigma}{\sqrt{n}} = \frac{0,7}{10} = 0,07$

4) Ermittlung der Testgröße durch Ablesen in der Tabelle der Standardnormalverteilung

    einseitiger Test $\Rightarrow F_{SN}(z_c) = 1 - \alpha = 0,9987$

    $\Rightarrow$ kritisches $|z_c|$ **= 3,00**

5) Berechnung der Prüfgröße

    $z_{\bar{x}} = \dfrac{\bar{x} - \mu_0}{\sigma_{\bar{x}}} = \dfrac{10,2 - 10}{0,07} = 2,8571$

6) Anwendung der Entscheidungsregel

    Wenn $|z_{\bar{x}}| > |z_c|$ soll H_0 abgelehnt werden.

    Da $2,8571 < 3,00 \Rightarrow$ **keine** Ablehnung von H_0

7) Interpretation des Ergebnisses

    Der Kunde **soll** die Eisenstäbe von diesem Hersteller beziehen!

Allerdings war der Test aufgrund des *zu kleinen* α von 0,0013 so angelegt, dass H_0 fast nicht verworfen werden *konnte*. Außerdem war die Nullhypothese „falschrum", so dass H_0 gar nicht verworfen werden konnte.

Wenn der Kunde dies bemerkt, wird er dem Test nicht glauben!

Abbildungsverzeichnis

Tabellenverzeichnis

Gut geplant ist halb gewonnen

Serge Ragotzky, Frank Andreas
Schittenhelm, Süleyman Toraşan
Business Plan Schritt für Schritt
Arbeitsbuch
2018, 155 Seiten, Broschur
ISBN 978-3-8252-4899-4

Konkurrenzanalysen, Verkaufsprognosen, Finanzierungsformen – Einen
Business Plan zu erstellen ist gar nicht so einfach. Dieses Buch stellt
Schritt für Schritt die wichtigsten Punkte für die Erstellung eines Business
Plans vor: von der Planung über das Marketing bis hin zur Finanzierung.
Das Buch beinhaltet zahlreiche Abbildungen, Übungsaufgaben, Literatur-
hinweise und ein Glossar. Die praxisnahe Umsetzung wird durch Fallstu-
dien und Excel-Sheets unterstützt.

Dieses Buch richtet sich sowohl an Studierende, die eine Hilfestellung im
Rahmen einer entsprechenden Lehrveranstaltung benötigen, als auch an
Praktiker, die Business Pläne selbst erstellen müssen.

www.utb-shop.de